锈色新颜

重庆三线工业遗产的重生之路

王璐 著

化学工业出版社
·北京·

内容简介

本书从理论到实践系统地探讨了以重庆三线建设工业遗产为代表的中国工业遗产的保护与活化利用路径。全书共八章，第一章概述了当前工业遗产保护利用的研究现状与理论基础，并对本书的研究方法与创新性进行论述。第二章回顾了重庆百年工业史及其丰富的工业遗产资源，尤其聚焦三线建设背景下形成的特殊工业遗产。第三章分析了重庆三线工业遗产当前的保护现状与面临的问题，并通过列举“816 工程”、江津 5057 厂和 32111 钻井队等典型案例，展示了工业遗产活化的多样路径。第四章从新质生产力、国家战略腹地和西部大开发政策角度，挖掘三线工业遗产开发面临的机遇。第五章对国内外工业遗产成功案例进行比较研究，总结转型经验与启示。第六章则深刻剖析了重庆三线工业遗产开发面临的产权、机制、认知等多重挑战。第七章提出重庆工业遗产保护活化的功能定位和实施对策。第八章总结研究成果并对未来提出展望。

本书适用于多类读者：一是城市规划、文化遗产、工业历史等专业的研究人员与高校师生，可用于理论学习与研究参考；二是政策制定者和地方政府管理者，特别是从事老工业基地转型、文旅融合发展、城市更新工作的相关部门的工作人员；三是文化旅游、地产开发、创意产业等行业从业者，作为工业遗产转型利用的案例参考；四是关心中国三线建设历史、工业文明传承与地方发展的人文爱好者与公众读者。

图书在版编目（CIP）数据

锈色新颜 ：重庆三线工业遗产的重生之路 / 王璐著. 北京 ：化学工业出版社，2025. 10. — ISBN 978-7-122-48820-6

Ⅰ. TU27

中国国家版本馆 CIP 数据核字第 2025N3Z949 号

责任编辑：连思佳　彭明兰　　文字编辑：连思佳
责任校对：王　静　　装帧设计：刘丽华

出版发行：化学工业出版社（北京市东城区青年湖南街 13 号　邮政编码 100011）
印　　装：涿州市般润文化传播有限公司
710mm×1000mm　1/16　印张 11¾　字数 202 千字
2025 年 10 月北京第 1 版第 1 次印刷

购书咨询：010-64518888　　售后服务：010-64518899
网　　址：http：//www.cip.com.cn
凡购买本书，如有缺损质量问题，本社销售中心负责调换。

定　　价：98.00 元

序言

王璐同志主持撰写的《锈色新颜——重庆三线工业遗产的重生之路》书稿，要我写个序言。因为对该书中主要研究的重庆三线工业遗产有深厚感情，也为了鼓励青年学者的工业遗产研究，就应允下来。想从这两个方面谈谈自己的粗浅认识和感想。

三线建设研究领域，有三大任务——三线建设历史研究、三线工业遗产保护利用研究、三线建设宝贵精神（以下简称三线精神）的弘扬传承。我从三线建设历史研究入手，首先接触的就是重庆三线建设历史。这得益于两位亲历三线建设和关注三线遗产保护利用的德高望重的老人的支持。

1996年，我计划写一部关于三线建设史的研究专著——《三线建设——备战时期的西部开发》。为此，我专门采访了西南地区和重庆三线建设乃至全国三线建设调整改造的领导者钱敏部长。

钱老1915年生，是江苏无锡人。1937年参加革命，1938年加入中国共产党。1965年，他在中共华东局经委副主任兼华东局国防工办副主任任上，被中央点名调任西南局三线建设委员会第四副主任，位列彭德怀之后。他主要负责一线地区对西南三线的迁建、援建，及与中央各部委的协调工作。1972年钱老调任中共重庆市委第二书记兼重庆市革命委员会副主任，1977年接任重庆市委第一书记。1978年调任国家电子工业部党组书记、部长。1983年中央和国家决定对三线企业实施“调整改造、发挥作用”的战略部署，他又出任国务院三线建设调整改造规划办公室副主任。可以说，钱老领导西南三线建设和全国调整改造工作三十年，为三线地区作出了巨大贡献。

那是一天的下午，我在北京木樨地部长楼钱老家中，采访了钱老。提起三线建设，他有抑制不住的兴奋，操着浓重的苏南口音，一口气谈了三个多小时。从毛主席、党中央部署三线建设的重大战略决策内幕，一线企业向三线企业的全国大搬迁，讲到重庆和四川的三线企业选址布局，及后来军转民的三线企业调整改造，娓娓道来，如数家珍。直到钱老夫人略带责备地劝说他注意身体，我才想起他已经是年过八十的老人了，但谈起三线建设，他仍然有满腔青春激情。

钱老还赠送我一些三线建设的珍贵图书资料，并介绍我去联系国防科工委三线建设协调中心的同志。这次采访，为我写作书稿奠定了坚定的信心和厚重的史料基础。后来，我建议成立中国三线建设研究会和参加筹建工作时，又冒昧地向国史学会推荐钱老的儿子、军事科学院原副院长钱海皓中将出任第一届会长，得到他的俯准。

2003 年我的《三线建设——备战时期的西部开发》一书由中共中央党校出版社出版后，在社会上引起了较大反响，被谬誉为“研究三线建设的第一部专著和必读书”。不久，我接到了重庆有关部门的邀请，参加筹建重庆三线建设博物馆的顾问工作。由此对重庆三线建设遗产和遗址进行了调研工作，先后去了南川区和江津区的一些三线企业遗址。这是我从三线建设历史转向三线工业遗产保护利用研究的开始。

2016 年起，我应邀作为国务院参事室三线遗产调研组特邀专家，参加了大三线地区一百多个三线企业和地区遗产、遗址的调研。王璐书中重点考察的重庆涪陵 816 地下核反应堆工程、江津 5057 厂、32111 英雄钻井队、六盘水煤炭基地等，我都先后去过多次。尤其 816 人工洞遗址，牺牲精神之伟，洞体工程之大，使我惊叹和钦服。到今年 7 月，我已经去过 816 遗址十次，帮助筹划这个具有世界工业遗产价值的三线工业遗产的保护利用和史料整理工作。

在调研中，我深感三线工业遗产的保护利用不易，面临的困难很多。针对 816 人工洞工程的资金匮乏和利用方向，我将一些有关 816 人工洞的介绍资料，报送给宋平同志。

宋老 1917 年生，是山东莒县人。1936 年参加革命，1937 年加入中国共产党。20 世纪 40 年代，他在周恩来同志领导下的重庆新华日报和新华社工作，曾经受周恩来同志指派赴延安向毛主席、刘少奇同志等中央领导人汇报国统区工作。中华人民共和国成立后，宋老长期在国家计委负责经济工作，1965 年出任西北局三线建设委员会副主任，参加规划和部署西北三线建设，曾任甘肃省委第一书记、甘肃省革命委员会主任。在“文化大革命”冲击三线建设时期，周总理邀他到北京，曾想让他负责全国的三线建设领导工作。1983 年他任国家计委主任，直接领导全国三线建设调整改造的战略部署。1989 年他任中共第十三届中央政治局常委。宋老和钱老一样，长期领导三线建设和全国调整改造工作，为三线地区作出了巨大贡献。

在调研中，我接到宋老秘书的电话，说宋老看到送来的重庆 816 人工洞材料，十分关心，思考良久，提出能否储备战略物资，请国家发展改革委解决资金问题。后来虽然因为该洞已经纳入了开放旅游规划，未能如愿，但宋老关注重庆三线工业遗产的殷殷之情，使我们非常感动。2019 年，宋老又在家中听取了国务院参事室副主任蒋明麟，参事徐嵩龄、王静霞，国防科工局文化总监罗东明和我，关于三线建设工业遗产保护利用的汇报和建议。宋老勉励我们说，三线工业遗产的保护利用，对于振兴地方经济和文化很重要，要想尽办法做好。他并将我们提出的建议报告，批转国家发展改革委的领导同志。以后，他还同意将他的"大三线"题词转送给重庆涪陵 816 遗址景区。

以上两位参与三线建设工作的老领导同志，在不同时期都曾在重庆工作过，他们都表现了对重庆三线工业遗产的关心，代表了老一代革命家的爱国情怀。令人欣喜的是，在重庆市委、市政府的领导下，重庆的三线建设历史研究和工业遗产保护利用，取得了斐然成就，走在了其他省市的前列。现在，我们又看到在重庆市委宣传部的导引下，北京的青年学者王璐主持写出了《锈色新颜——重庆三线工业遗产的重生之路》一书，正是三线精神的传承弘扬。

这里我想就该书的几个特点，谈一些感想。

我一直强调，三线工业遗产，最有发言权和研究能力、把握详尽资料的，是三线地区的学者。作为身在北京的中国社会科学院学者，我们的优势，是眼界较高、信息灵通，掌握中央和国家乃至各个部门的政策和决策档案比较全面。因此，北京学者的研究重点，应当放在介绍中央和国家的三线建设决策历史背景，比较研究国家和世界的国内外工业遗产活化利用的新动向、新方法和新视角，包括汇聚各地的经验和教训，提出整体性、方向性的建议，为三线地区学者服务。王璐的这本书，可以说在这个前提下做到了以下三个方面。

第一，本书强调要重点通过遗产的国家历史故事，揭示遗产内在价值和物质之外的承载文化，需深入挖掘三线精神与承担起广泛传播的历史使命。如史料搜集与挖掘，寻找历史的足迹；如内核精神凝练与弘扬，传承与创新的结合。

习近平总书记指出：革命文物承载党和人民英勇奋斗的光荣历史，记载中国革命的伟大历程和感人事迹，是党和国家的宝贵财富，是弘扬革命传统和革命文化、加强社会主义精神文明建设、激发爱国热情、振奋民族精神的生动教材。要让文物说话、让历史说话、让文化说话，讲好中国故事、传播中国声音，展现可信、可爱、可敬的中国形象，凝聚起强国建设、民族复兴磅礴力量[1]。

三线建设工业遗产，是毛主席、党中央面对严峻的国际风云，作出的重要战略决策的见证物，承载着几千万职工、干部、技术人员、解放军官兵、民工几十年“备战备荒为人民”奋斗的英雄模范事迹和人物精神。三线工业遗产遍布全国各个地区、部门，蕴含的感人故事，不像其他工业遗产那样集中于少数企业和典型，而是“千树万树梨花开”。各部门有各部门的鲜明特点，各地有各地的绚丽多彩。但主线只有一个，为了国家安全和改变中西部落后面貌，在崇山峻岭中建设中国式现代化。只有把当年中央的重要决策和地方遗产的三线建设故事、文物联系起来，才能既放眼世界，又承接地气。

因此，书中用相当多的篇幅介绍了重庆百年工业史及工业遗产资源，特别对三线建设时期重庆工业史予以了集中概述，对重庆三线工业遗产资源及活化利用现状进行了摸底调查并列出表格。这个方向很重要。

书中写到的“艰苦创业、无私奉献、团结协作、勇于创新”的三线精神饱含着三线建设者浓郁的家国情怀和崇高的集体主义精神，这种精神使全体人民、广大党员干部切实认识到党的领导和社会主义道路的正确性，如果没有党和国家的领导、推动和协调，全国支援三线、共同建设三线的任务是难以实现的，这是社会主义制度优越性的充分体现，同时也使人民群众、党员干部充分认识到，只有坚定共产主义理想信念，坚持中国共产党的领导，坚定社会主义道路，国家和民族才能屹立于世界民族之林，人民才能幸福安康。三线遗产所体现出的宝贵精神，既是三线精神的生动体现，也是中华民族精神的具体体现，更是中国特色社会主义核心价值观的直接映射。结合三线建设的年代背景来看，这种精神是20世纪60年代前后在中国共产党的领导下，把马克思主义基本原理和我国工业建设和国防建设相结合过程中产生的重要精神形态，是三线劳动人民带着英雄事迹蕴含的当代价值及启示人民的希望，怀着满腔热血在不求回报的努力奋斗中迸发出来的，这种精神与社会主义核心价值观具有一脉相承的共性基础，对于中华民族的伟大复兴、中国梦的实现具有重大作用。

本书没有对重庆三线工业遗产各个遗址本身做太多的介绍和描绘，而是重点强调要揭示产生这些遗产的时代背景和决策思考，让读者知

---

[1] 习近平：《加强文化遗产保护传承　弘扬中华优秀传统文化》，2024年第8期《求是》杂志。

道，为什么要修建这个企业，为什么要在山里修建，最后又为什么要调整搬迁。这是对三线工业遗产活化利用的前提。

比如重庆涪陵的816工程遗产，是当年为了防备敌人对我国西北戈壁滩上的第一个核反应堆基地设施进行突然袭击，毛主席亲自决策，周总理亲自部署，邓小平同志亲自在重庆听取选址汇报，决定修建的第二个核反应堆备份，其建设目的是保障国家安全，争取和平环境。

前一个时期，三线地区的遗产保护利用，取得了雨后春笋般的成就，博物馆、纪念馆、展览馆鳞次栉比，遍地开花。许多注重了精神文明的浇灌，收到了良好的社会效益。但也有一些，见物不见人，只强调三线遗址存留的设备、建筑和周边山水，缺乏揭示遗产内在价值和物质之外所承载的文化价值。比如，有的在三线遗址内堆砌公社大食堂、知识青年上山下乡等景观，不伦不类，让参观者难以把握三线建设的时代特点。因此，王璐书中的提示，是很有必要的。

第二，对重庆三线工业遗产开发的新机遇进行了有益的探索。

书中首先提出了使用新质生产力手段进行活化利用的建议。工业遗产的利用，不外乎建设文博馆所、旅游景点、休闲产业、商业手工业街区、学校等。这是近百年来的主要路径。但是，世界进入高科技时代，面对的是具有现代科技知识的观众，如何使遗址古为今用并引起他们的浓烈兴趣，是个问题。许多遗址活化利用，仍然是建设古城、古镇、古街道的仿古建筑和静态观赏行为，与观众之间缺乏互动。

王璐书中，大胆地提出了使用新质生产力手段进行活化利用的方向，进行了技术创新谱写遗产活化新篇章、文化创新激发工业遗产时代魅力的尝试。书中写到：重庆作为三线建设的重要基地，拥有丰富的工业遗产资源。通过高精度3D扫描技术、虚拟现实（VR）技术、物联网技术等先进手段，这些工业遗产得以焕发新生，成为推动区域经济社会发展的新引擎。下面将深入探讨技术创新如何引领重庆三线工业遗产的活化与利用，以数字化复原与沉浸式体验、物联网智慧管理、模式创新促进产业升级等为核心内容，展示技术创新在遗产活化中的巨大潜力。文化IP（Intellectual Property）作为现代文化产业的核心要素，其成功打造不仅能够显著提升文化产品的市场竞争力，还能有效传播和弘扬特定的文化价值观。在重庆三线工业遗产的活化利用过程中，文化IP的打造成为了关键一环。书中以重庆鹅岭二厂为例，介绍这一曾经辉煌的印钞厂通过精准的文化定位与IP打造，成功实现了从废弃工业遗产到热门文化创意园区的华丽转身。

这样，旧的厂房被赋予了新生命，摆脱了以往古城、商业街的纯粹游走呆板模式，以光电技术和动漫AI模拟、创造，展示核技术和军工含量的产品，特别能对那些因污染或者保密原因而不易以原物复原形式展陈的遗址起到了替代作用。

人和劳动工具，都是生产力。而年轻高学历的作者，代表着新质生产力，他们在遗产活化利用中对现代科技的掌握、联想和感悟，是我们老一代学者所不能企及的，令我钦服。因此，本书的突出价值，也在于在新质生产力的视野下探讨遗产活化利用。

第三，对重庆工业遗产保护利用的国内外经验借鉴与启示，进行了传播和探讨。

三线工业遗产保护利用，可以说是最近十几年才兴起的领域。但是在引进国外先进经验方面，还很少看到比较成功的例子。其原因，我想到的是，首先，三线建设是国外没有过的建设方式，几百万上千万建设者，在荒山野岭中，主要不以资本的经济效益为目的而建立了一个个工业群、工业带。其次，三线企业遗产许多是军工遗产，加上近些年疫情的阻隔，对外交流不易。因此，本书提到的国内外问题，实际是一个需要补课的问题。

本书从国际视野的角度指出，在工业遗产的保护、修复与功能置换的学术领域内，英国曼彻斯特的中央车站和德国杜伊斯堡景观（原鲁尔工业区）是兼具历史深度与当代价值的典型案例。它们不仅是作为工业革命的标志性建筑，见证了工业社会的崛起与转型，而且其本身的演变过程也蕴含了丰富的历史、文化及社会变迁的学术素材，为城市再生、文化记忆重构以及社会经济转型的研究提供了宝贵的案例。

书中得出的结论有以下几条。第一，在老工业遗迹景观改造过程中，必须始终注重生态环境的保护与治理，并通过调整经济结构使自然与环境达到协调统一。第二，对工业遗迹进行保护的同时也为本地区提供城市公共服务设施及营造公共交往的空间，使工业遗迹在新时期以新的表现形式、新的功能继续运作并持续发展。第三，“系统性思维”。首先是发展主轴，如鲁尔工业区转型秉持的是“经济、生态、社会、民生”协调发展的理念，不偏废其中任何方面；其次是配套工程，在完善体制机制、创新发展模式、推动协同发展、提升教育科研水平、保障民生等方面综合发力，形成一个完整的系统。

书中也指出，不同的老工业区之间并没有直接的可比性，即使是成功的经验，依然不能简单原样照搬，否则就容易出现“南橘”变“北枳”的水土不服，引发“刻舟求剑”、求而不得的结果。所以，建立在“系统化思维”基础上的精准发展的理念、实事求是的决策、因地制宜的自我发展道路是关键。本书这种学习外国而不迷信外国的态度，无疑是正确的。

最后，还要说到，本书在重庆三线工业遗产开发面临的挑战、重庆工业遗产保护与活化利用的思路及对策、成渝地区双城经济圈保护分工合作问题等方面，也颇有一些具有创新价值的探讨。

总之，我想本书反映了两个结合的特点。一是在老一代学者的工业遗产活化利用成果基础上，青年学者勇于创新的研究态度、理论和手段的结合。二是在北京的中国社会科学院学者深入西部地区，向重庆、贵州等三线地区学者学习和共同合作的结合。可以用两句古诗来表现：“长江后浪推前浪，两岸青山相对出。”

希望这种结合能够广泛地在全国三线建设地区开展起来。

陈东林

2025 年 8 月 12 日

前言

在21世纪的全球化浪潮中，文化遗产的保护与活化利用已成为各国政府和学术界普遍关注的焦点。随着工业化社会向信息化社会转型，大量的工业遗产面临着被遗弃、破坏乃至遗忘的威胁。然而，这些工业遗产不仅是工业文明的直接见证者，更是人类历史与文化的重要组成部分，蕴含着丰富的历史价值、科技价值、社会价值和文化价值。因此，如何有效地保护与活化利用工业遗产，成了一个亟待解决的问题。

全球化背景下，工业遗产的保护与活化利用不再局限于某一国家或地区，而是成了国际社会的共同议题。国际工业遗产保护委员会（TICCIH）等国际组织的成立，为工业遗产的保护与活化利用提供了国际标准和交流平台。同时，各国政府、学术界、非政府组织以及私营企业等多元主体也积极参与到工业遗产的保护与活化利用中来，形成了多元共治、合作共赢的局面。中国作为世界第二大经济体和制造业大国，拥有丰富的工业遗产资源，尤其是三线建设工业遗产，作为中国特定历史时期的产物，具有独特的历史背景和地域特色。2018年2月，习近平总书记考察四川时，对三线建设的历史功绩作出重要评价。他指出：三线建设，使一大批当时属于顶尖的军工企业、国有企业、科研院所来到西部，这些都是我们发展的宝贵财富。因此，加强对三线建设工业遗产的保护与活化利用，不仅有助于传承和弘扬中华民族优秀文化传统和精神品质，更有助于推动经济社会的可持续发展和乡村振兴战略的实施。

习近平总书记指出："新时代坚持和发展中国特色社会主义，更加需要系统研究中国历史和文化，更加需要深刻把握人类发展历史规律，在对历史的深入思考中汲取智慧、走向未来。"三线建设，是党中央于20世纪60年代中期做出的一项重大战略决策，指的是自1964年起在中国中西部地区的13个省、市、自治区进行的一场以战备为指导思想的大规模国防、科技、工业和交通基本设施建设，是一次重点建设西南、西北地区且改变我国生产力布局的由东向西转移的战略大调整，也是中国经济史上一次极大规模的工业迁移过程，为中国中西部地区工业化的发展做出了重要贡献。其间，数以百万计的三线建设者积极响应"备战备荒为人民”“好人好马上三线”的时代召唤，从工业相对发达、物资富饶的东北、华北、东南地区奔赴祖国大西南和大西北地区的崇山峻岭、大漠荒原，怀着对党的无限忠诚，对社会主义的执着信念，对加快建成大三线后方战略基地的初心使命，对新中国繁荣富强的不懈追求，用生命和热血、科学和智慧谱写出中国特色社会主义建设史上的壮丽史诗，更留下了“艰苦创业、无私奉献、团结协作、勇于创新”的宝贵三线精神。

三线建设工业遗产具有多重价值。首先，从历史价值来看，三线建设是中国工业史上一次重要的战略调整，对于优化国家工业布局、加强国防建设具有重要意义。其次，从科技价值来看，三线建设时期建设了一大批具有先进水平的军工企业和民用工业基地，这些工业遗产代表了当时中国工业技术的最高水平。此外，三线建设工业遗产还具有丰富的社会价值和文化价值，它们见证了中华民族在困难时期团结一心、共同奋斗的历史画面，是传承和弘扬民族精神的重要载体。

当前三线建设工业遗产的保护工作正面临着诸多挑战。首先，缺乏正确的价值认知是制约保护工作的重要因素之一。一些人以现代视角评价三线建设决策和现存工业遗产，认为其缺乏保护价值或与现代社会脱节。这种观念导致了对三线建设工业遗产的忽视和偏见，进而影响了对其保护工作的重视和投入。其次，大量工业遗址处于废弃或利用不足状态，这也是保护工作面临的难题之一。由于历史原因和地理位置的限制，许多三线建设工业遗产位于偏远地区或交通不便的地方，难以得到有效的保护和利用。此外，部分工业遗产在开发利用过程中缺乏科学规划和专业指导，导致其在利用中破坏了遗产的原真性和完整性。另外，开发利用存在体制机制障碍也是制约保护工作的重要因素之一。一些工厂还在正常开展生产活动或涉及国防科工项目等敏感领域，相关档案尚未解密或涉及保密要求限制其开发利用。同时，部分工业遗址土地产权归属存在争议也制约了其保护和利用工作的开展。针对这些挑战和困境，本书从价值认知、保护策略、活化利用模式以及政策建议等方面进行深入探讨和分析，旨在提出一套系统、全面、可行的保护与活化利用方案。

有效地保护与活化利用三线建设工业遗产，需要对其时代价值进行重新审视和认知。三线建设作为中国工业史上一次重要的战略调整和历史事件，其留下的工业遗产不仅具有物质层面的价值，如建筑、设备等物质文化遗产，更具有精神层面的价值，如三线精神、工业文化等非物质文化遗产。

首先，要明确三线建设是我国工业史的重要组成部分。三线建设是中国工业布局从沿海到内地的一次战略性迁移和调整，对于我国国防、经济、社会、文化建设产生了深远影响。因此，三线建设工业遗产应被视为我国工业史的重要组成部分，进而进行系统性保护和传承。其次，要明确三线建设在中国式现代化历史进程中仍有时代价值。三线建设为中国式现代化建设贡献了重要的历史经验和力量，其秉承的独立自主、自力更生精神，以及蕴含的工业移民和民族融合特征等都具有重要的时代价值。在新时代背景下，应深入挖掘和传承三线建设的精神内涵，为推动中国式现代化进程提供历史借鉴和精神动力。第三，要将三线精神纳入党的精神谱系之中。三线精神是中华民族精神的重要组成部分，应深入挖掘其历史价值和文化内涵，传承红色基因，弘扬革命精神。将三线精神作为中华优秀传统文化基因的当代写照，进一步丰富与深化对中国史与改革开放史的研究。将挖掘、提炼、阐述三线精神作为重点研究领域之一，为保护和利用中国工业遗产、传承中国共产党人精神谱系、总结中国式现代化建设的历史经验提供服务。

其次，要探索多元化、可持续的活化利用模式。三线建设工业遗产的活化利用是保护工作的重要环节。通过探索多元化、可持续的利用方式，可以实现工业遗产的保值增值和可持续发展。本书提出了一些可行的活化利用模式。如文化旅游业：将三线建设工业遗产打造成文化旅游景点，通过展示工业遗产的历史风貌和文化内涵吸引游客。可以开发工业遗址博物馆、主题文化园、旅游休闲景区等旅游项目，推动文化旅游产业的发展。创意产业园区：将三线建设工业遗产改造成创意产业园区或科技创新基地，吸引文化创意企业入驻。通过提供低成本、高效率的办公空间和创新环境，推动文化创意产业的发展和创新能力的提升。教育培训基地：将三线建设工业遗产建设成为教育培训基地或社会实践基地。通过组织学生参观学习、开展社会实践活动等方式，传承工业文化和三线精神，培养学生的爱国情怀和创新精神。城市更新项目：将三线建设工业遗产纳入城市更新项目范围，通过改造升级实现城市空间的优化和品质的提升。可以将其改造成商业街区、公共绿地、运动场馆等城市公共空间或配套设施，提高城市居民的生活质量和幸福感。其他特色产业：根据三线建设工业遗产的具体情况和地域特色，还可以探索其他特色产业，如特色农业、清洁能源、康养旅游等发展模式。通过挖掘工业遗产的潜在价值，推动当地经济的多元化发展。

总之，本书不仅是对工业遗产保护与活化利用理论的探索，更是对实践经验的总结和提炼。通过具体案例的分析和研究，为其他城市和地区的工业遗产保护活化利用提供了有益的借鉴和参考。同时，本书也呼吁更多人关注和参与投入到工业遗产保护与活化利用事业中来，共同守护这些珍贵的文化遗产，让它们在新的时代背景下焕发出新的光彩。

书稿的完成，得益于当代中国研究所众多师长和同仁的悉心指导与持续鼓励，在此特别感谢陈东林研究员、郑有贵研究员、钟瑛研究员、龚浩副研究员，他们给予了本书很多宝贵的建议。同时，感谢重庆市涪陵区委宣传部、涪陵区党史研究室、涪陵区社科联在史料搜集整理及统筹稿件方面提供的大量帮助与支持。

由于水平有限，本书难免存在疏漏，敬请各位朋友批评指正！

目录

第一章 工业遗产保护利用研究现状

随着时代的变迁和科技的飞速发展，工业文明在推动社会进步的同时，也留下了无数珍贵的工业遗产。这些工业遗产如同历史的见证者，记录了一个时代的辉煌与变迁，承载了无数人的辛勤与智慧。然而，在随着城市化和工业化的浪潮席卷而至，许多工业遗产正面临着被忽视甚至被摧毁的危机。因此，如何有效保护和活化利用这些工业遗产，使之在新的时代背景下焕发新的生机，成了亟待探讨和研究的重要课题。

保护和利用工业遗产，既能为人类社会留存宝贵的物质文化遗产，也是传承前人开拓创新精神的重要途径。我国自 2018 年印发《国家工业遗产管理暂行办法》以来，先后发布 6 批共 194 项国家工业遗产。《“十四五”文化发展规划》中强调要加强对工业遗产资源的活化利用，开发旅游商品、特色旅游商品，培育旅游装备制造业，发展工业旅游。重庆市是中国最早建设工业基地的城市之一，其在我国工业发展历程中占据着无可替代的位置。重庆工业的发展是中国工业崛起的鲜活案例。截至目前，重庆市共有工业遗产 170 余处，其中国家级工业遗产 5 处，市级工业遗产 14 处。丰富的工业遗产遗迹，既是重庆市城市发展的历史见证，更是中国共产党带领中国人民实现从站起来、富起来到强起来的历史缩影。

2019 年 10 月 16 日，国务院印发通知，发布包括三线军工遗产在内的第八批全国重点文物保护单位（简称“国保”）名录。国家文物局早在 2016 年即通知要求第八批“国保”申报评审要向中华人民共和国工业遗产重点倾斜。2018 年启动申报遴选工作以后，组织多轮评审，最终获得“国保”称号的三线军工遗产分别为：三线核武器研制基地旧址、首座受控核聚变实验装置旧址、三线航天 066 导弹基地旧址、三线贵州歼击机总装厂旧址。三线军工遗产列入“国保”单位，实现了零的突破，反映了三线建设的重要成就，即其在全国范围内具有代表性和重要意义。

以重庆三线工业遗产保护活化利用为例的工业遗产保护活化利用研究不仅是对工业遗产保护活化利用理论的探索，更是对其实践经验的总结和提炼。通过对具体案例进行分析与研究，以求为其他城市和地区的工业遗产保护活化利用提供有益的借鉴和参考。

第一节
研究背景和拟解决的问题

一、研究背景

工业遗产作为历史的见证者，承载着丰富的历史、科技、美学、经济、教育与精神价值。其价值不仅体现在物质层面上，如建筑、机械等实体，还体现在非物质文化层面上，如工业文化与技术知识等。保护工业遗产不仅是对历史的尊重，更是对推动国家未来发展的思考和行动。从经济学角度而言，工业遗产的保护与合理利用能够显著促进地区经济的发展。通过将工业遗址改造为博物馆、景观公园，或进行综合开发利用，使其逐渐成为地方旅游业发展的重要资源，也为其所处地区塑造了宝贵的品牌形象。从社会文化角度来看，工业遗产体现了城市的独特语言与历史记忆，作为城市文化与身份认同的重要组成部分，它对增强城市凝聚力、传承历史文化具有重要意义。

随着城市化与现代化进程的加快，工业遗产的保护与利用日益成为社会关注的重要议题。为了更好地保护与利用工业遗产，2017 年中华人民共和国工业和信息化部（以下简称工信部）启动了工业遗产试点工作，2018 年发布了《国家工业遗产管理暂行办法》（工信部产业〔2018〕232 号）（以下简称《暂行办法》），该《暂行办法》旨在规范和指导国家工业遗产的保护与管理。《暂行办法》强调了“保护为主、合理利用”的原则，通过制定保护措施、明确管理职责、规范修缮与维护标准，鼓励在保护的前提下合理开发利用遗产资源，并对破坏遗产的行为设定法律责任，确保国家工业遗产得到科学、规范与有效的保护和管理。2023 年 3 月，工信部修订并发布《国家工业遗产管理办法》（工信部政法〔2023〕24 号）（以下简称《办法》），进一步明确工业遗产保护、利用与监督管理的程序和要求。《办法》特别强调，工业遗产的保护应注重生态保护、整体保护和周边环境保护，以实现自然与人文和谐共生的理念。同时，该《办法》还详细规定了国家工业遗产的认定、保护、利用和监督管理的程序与要求。各地政府也据此规定，制定了相应的地方性法规，将工业遗产保护工作纳入相关规划，并积极探索工业遗产保护与开发利用的路径。我国针对工业遗产保护发布的相关政策文件及其具体内容如表 1-1 所示。

表 1-1　工业遗产保护政策汇总

政策	颁布时间	具体内容	意义
《中华人民共和国文物保护法》	1982 年 11 月	①明确规定了文物保护的原则、责任主体、保护措施及法律责任； ②涉及工业遗产的部分，强调对工业遗产的认定、保护和管理	奠定了工业遗产保护的法律基础
《关于推进工业文化发展的指导意见》	2016 年 12 月	①强调工业文化是工业遗产保护的重要内容，提出要保护工业遗产、弘扬工业精神； ②鼓励地方政府和企业结合实际，制定具体措施，推进工业遗产的保护和利用； ③提出要支持工业遗产转化为文化创意产业、旅游资源等，实现经济效益和社会效益双赢	强调了工业文化建设的重要性，为工业遗产保护提供了文化层面的指导

续表

政策	颁布时间	具体内容	意义
《国务院关于进一步加强文物工作的指导意见》	2016年3月	①明确提出要加强对工业遗产的保护，推动工业遗产纳入文物保护体系； ②强调要推动工业遗产的合理利用，支持利用工业遗产开展文化创意和旅游等产业	标志着工业遗产正式纳入国家文物保护的政策框架
《关于加强工业遗产保护利用的指导意见》	2017年12月	①明确了工业遗产保护的范围、标准和管理机制 ②提出建立国家工业遗产名录制度，鼓励地方政府制定工业遗产保护专项规划 ③强调多渠道筹措资金，支持工业遗产保护利用项目	为各地开展工业遗产保护提供了具体指导
中共中央办公厅、国务院办公厅《关于加强文物保护利用改革的若干意见》	2018年7月	①强调文物保护要和城乡建设、经济发展协调推进，促进文物资源的合理利用； ②特别提到要加强工业遗产保护利用，鼓励发展文化创意产业和特色旅游	进一步明确了工业遗产在文物保护利用改革中的重要地位
《"十四五"文化和旅游发展规划》	2021年4月	①强调要加强文化遗产保护传承，推进工业遗产保护利用； ②提出要依托工业遗产发展文化创意产业和特色旅游，促进文化和旅游融合发展	为未来五年工业遗产保护和利用提供了战略指导，推动了文化和旅游产业的深度融合
《国家工业遗产管理办法》	2023年3月	①明确国家工业遗产的认定标准、申报程序和管理要求； ②规定工业遗产保护利用的具体措施，包括资金支持、技术指导等； ③强调各级政府和相关部门要加强对工业遗产的保护和管理	为国家工业遗产的认定和管理提供了具体操作指南，进一步规范了工业遗产保护工作

然而，工业遗产保护仍然面临着法律、经济、管理以及社会认知等多方面的挑战与困境。首先，法律与政策支持的不足是主要问题之一。许多地区缺乏针对工业遗产保护的专门法律法规和标准，导致保护工作难以系统化、规范化地推进。部分地区在工业遗产保护管理政策上存在缺失，尚未形成长效机制，致使保护工作难以持续。其次，经济利益驱动是另一大挑战。由于工业遗产的保护与利用需要大量资金投入，而其直接经济效益通常并不显著，许多地方政府和企业对工业遗产的保护缺乏足够的重视。特别是在一些老工业城市中，工业遗产的拆除、转租、闲置现象十分普遍，简单的商业利用模式常常破坏了工业遗产的风貌特征和结构安全。第三，管理与协调的复杂性同样不可忽视。工业遗产的保护涉及多个部门与利益相关方，土地使用权转让、消防报建等审批程序复杂，增加了保护工作的难度。第四，公众意识与文化价值认知的缺乏也使得许多地区未能充分认识到工业遗产的历史文化价值，常将其视为负担而非文化财富。第五，技术与专业人才的短缺是一个亟待解决的问题。工业遗产的保护与修复需要广泛领域

的知识与技能，包括工程建造和传统工艺等，然而该领域缺乏专门的培训与认证，从业人员数量不足，且技能水平参差不齐，这直接影响了保护工作的科学性和可持续性。最后，城市化进程中的矛盾进一步加剧了保护工作的难度。随着城市化的快速推进，许多地区在协调城市发展与工业遗产保护之间面临巨大挑战。这种矛盾不仅体现在空间上的冲突，还体现在经济和社会发展需求的不同之中。伴随经济社会的发展和产业的升级，许多城市加快了对原有工业布局的调整规划，因此在工业遗产的拆除与保护、遗弃与利用之间，面临着艰难的抉择。

二、拟解决的问题

重庆市作为中国西南地区的重要工业基地，在工业遗产保护方面采取了多项措施，并取得了显著成效。2017 年，重庆市发布《重庆市工业遗产保护与利用专项规划》，提出对 96 处工业遗产（含仓储）进行系统研究和保护。此后，重庆市推出了《重庆市推动老工业城市工业遗产保护利用打造“生活秀带”工作方案》，旨在将“工业锈带”打造成“生活秀带”，争创工业遗址保护的重要示范区，建设中国工业文化旅游中心。截至 2023 年底，重庆已建立涵盖 170 余处工业遗产的保护利用名录，囊括具有重要历史、文化和科学价值的工业遗产。在实践中，重庆市采用了多种方式活化利用工业遗产。例如，重钢型钢厂和核工业 816 工程已被分别改造为重庆工业文化博览园和 816 地下核工程景区。此外，九龙坡区的建设厂和重庆坦克库等 12 处工业遗产也已入选市级保护名单。重庆市采取了科学修复、适应性再利用、社区参与的数字化保护等多种措施，取得了显著成效。

本书将聚焦重庆市工业遗址区的保护与更新，系统地识别、评估重庆丰富的工业遗产资源，分析重庆工业遗产开发面临的挑战，深入挖掘现有工业遗产的历史、经济与社会价值，探讨科学的工业遗产活化利用路径，探索推动重庆工业遗产保护与城市形象融合提升的方向，总结重庆市在工业遗产活化利用中的先进经验与举措，剖析存在的问题与困难，以推动重庆市工业遗产的系统性保护、创造性利用与创新性发展。

首先，重庆市作为一座工业发展历程悠久且极具代表性的城市，其见证了中国从半殖民地半封建社会向现代化工业社会的转型。重庆市拥有众多富有历史价值的工业遗产。然而，随着城市化进程的加速，许多老工业区逐渐转型为城市发展新区，部分工业遗产面临被拆除或改建的风险。对此，本书通过梳理重庆工业发展的历史进程，深入分析当前重庆工业遗产的保护现状，揭示其在保护过程中所面临的挑战与问题。

其次，本书将探讨工业遗产的活化利用策略。尽管各地对工业遗产保护的重视程度不断提高，且逐步关注其活化利用，然而在实际工作中依然面临诸多挑战，包括如何在保护与开发之间找到平衡，资金短缺和维护难度较大，法律政策不完善，公众参与度不足，以及城市规划与工业遗产保护之间的冲突等。为有效应对这些挑战，政府及相关部门应采取针对性的措施，提高工业遗产活化利用项目的成功率。本书通过分析重庆市的典型工业遗产活化利用项目，针对其特点和存在的问题，提出相应的对策建议。

再次，本书将着重探讨如何构建具有中国特色的工业遗产保护利用体系。当前，我国的工业遗产保护研究工作尚未充分结合中国独特的历史背景和三线建设宝贵精神（以下简称三线精神），凝练出独具特色的中国方案。在工业遗产的活化利用过程中，如何在保护历史和文化价值的基础上，兼顾提升经济效益，始终是亟待解决的难题。过度商业化会削弱工业遗产原有的风貌与历史价值，难以实现文化传承与经济发展的双重目标。本书通过剖析重庆市典型的工业遗产保护案例，探讨如何在保护其历史文化价值的前提下，构建符合中国特色的工业遗产保护利用体系。

最后，弘扬三线建设精神对于工业遗产的保护与活化利用具有重要意义。在社会主义革命和建设时期，中国人民以高度的爱国主义精神和集体主义精神克服了重重困难，建立了众多具有重要战略意义的工业基础设施。这些工业遗产不仅是中国历史的重要组成部分，也是民族精神的生动体现。本书以重庆市三线建设工业遗产为主要案例，剖析其历史价值，进而探讨三线建设精神如何充分地在新时代背景下得到继承与发展。

第二节 概念界定和理论基础

一、工业遗产

工业遗产是指在工业化过程中形成的，具有历史、技术、社会、建筑或科学价值的物质和非物质文化遗产。根据国际古迹遗址理事会（ICOMOS）和联合国教科文组织（UNESCO）的相关定义，工业遗产包括建筑物、机器设备、工艺流程、生产技能以及与之相关的文化表现形式等。工业遗产反映了特定历史时期的工业生产方式、技术水平和社会经济结构。中国的工业遗产广泛分布于全国各地，涵盖矿业、冶金、机械制造、纺织、食品加工等多个行业。例如，北京798艺术区，原为国营798厂，在保留了原有的工业建筑风貌的同时，经改造建设成为全国知名的艺术园区，成为文化创意产业园区代表之一；上海1933老场坊，原为屠宰场，经过改造后成为集艺术、创意、商业于一体的综合性文化场所；天津意式风情区保留着一些现存完好的历史建筑，展示了近现代工业发展的辉煌和成就。

二、工业遗产保护

工业遗产保护是指通过法律、行政、技术、社会等手段，对具有历史、文化和科学价值的工业设施和遗址进行维护、修复和管理，确保其真实性和完整性得以保存和延续。工业遗产保护最早是针对工业化进程中产生的大量工业遗址的关注和保护。随着时间的推移，该领域逐渐被西方国家和国际组织所关注。联合国教科文组织（UNESCO）1972年发布的《保护世界文化和自然遗产公约》和国际古迹遗址理事会（ICOMOS）1994年发布的《奈良真实性文件》为全球工业遗产保护提供了理论基础和操作指南。《保护世界文化和自然遗产公约》将自然保护和文化遗产保护的概念整合到一个单一的条约中，并强调国际合作的重要性，旨在通过集体努力来保护具有突出普遍价值的遗产。《奈良真实性文件》强调文化多样性和遗产多样性的重要性，提出了关于遗产真实性的评判标准，并认为在遗产保护过程中应考虑文化和历史背景。

工业遗产保护的理论基础主要包括文化景观理论、可持续发展理论和社会参与理论。文化景观理论由美国地理学家卡尔·索尔在20世纪初提出根据文化景观理论，工业遗产不仅是物质实体，更是文化景观的一部分。该理论强调对工业遗产的综合保护，包括其自然环境、社会背景和文化内涵。可持续发展理论最早可追溯至20世纪70年代的布伦特兰报告，该理论指出工业遗产的保护和利用应遵循可持续发展原则，既要保护其历史价值，又要实现经济、社会和环境的协调发展，通过再利用推动经济发展和社区复兴，实现遗产保护和现代发展双赢。社区和公众的参与是工业遗产保护的重要保障。社会参与理论强调通过公众教育和社区活动，提高社会各界对工业遗产的认识和保护意识，形成广泛的社会共识。

工业遗产保护的基本原则包括真实性和完整性原则、最小干预原则以及再利用和适应性再利用原则。在保护过程中，应尽可能地保留工业遗产的原始状态和完整结构，尤其是对于具有重大历史意义和代表性的工业遗产，最佳的保护方式是对其进行“保护性再利用”，以确保其历史价值和文化价值得以延续。最小干预原则要求在保护过程中，尽量保持遗产的原貌和原材料，特别在修复和保护工业遗产时，应尽量减少对原有结构和材料的干预，避免破坏其历史价值。随着社会发展，工业遗产的保护也应与现代社会需求相结合，在保护的基础上，探索合理的利用模式，如将工业遗产改造成美术馆、展览馆、社会文化中心等，使其重新焕发生命力，这也是再利用和适用性再利用原则的具体体现。

在保护策略与方法方面，工业遗产的保护应当包含修复与维护、适应性利用、社区参与、公众教育等，而科学的修复与维护是保护工业遗产的重要手段。利用现代科技手段和传统工艺，对工业遗产进行修复和维护，在确保其结构安全的同时尽可能多地保留其历史风貌。与此同时，建立定期维护机制，防止工业遗产因长期缺失保养而损坏。此外，通过对工业遗产的合理改造，在保留其历史和文化价值的同时使其适应现代功能需求，以实现经济和社会效益的双赢。不仅如此，工业遗产的保护还需要社区和公众的广泛参与。通过教育和宣传，提高公众的保护意识，鼓励社区居民参与保护工作，使工业遗产保护成为社会共识。

中国在探索适合本国国情的工业遗产保护与利用方式方面取得了显著成效。2017 年，国家文物保护局发布了《关于加强工业遗产保护利用的指导意见》，明确了工业遗产保护的基本原则和工作要求。为应对老工业城市的工业遗产保护与利用问题，国家发展和改革委员会等部门印发了《推动老工业城市工业遗产保护利用实施方案》等。2023 年 3 月，工业和信息化部发布并实施了《国家工业遗产管理办法》，旨在加强对工业遗产的保护与利用。《国家工业遗产管理办法》明确规定，国家工业遗产所有权人应当设置专门部门或专人监测遗产保存状况，划定保护范围，采取有效保护措施，保持遗产格局、结构、样式和风貌特征，确保核心物项不被破坏。同时，还应制定工业遗产保护专项规划，明确遗产构成，发掘工业遗产价值内涵，制定遗产保护要求和强制性条款，明确工业遗产利用策略和具体利用措施。该办法强调，开展国家工业遗产保护利用管理工作应当发挥遗产所有权人的主体作用，坚持政府引导、社会参与、保护优先、合理利用、动态传承、可持续发展的原则。为更有效地保护和利用工业遗产，2023 年 10 月，我国开始实行工业遗产分级保护制度。通过分级分类保护机制的建立，我国全面开展了工业遗产的调查、评估和认定工作，为科学规划、分类保护、有效利用提供了有力支撑。如辽宁省制定了省级工业遗产评价指标，从多个方面对工业遗产进行评估，并明确了不同级别的保护要求。

中国工业遗产保护的发展历程是一个从无到有，逐步形成体系的过程。随着社会经济的发展和城市化的加速，工业遗产面临着被忽视或破坏的风险，因此，国家开始重视工业遗产的保护，并建立起相关的法律法规体系。为了实现工业遗产的有效保护和合理利用，中国已采取了加快立法进程、明确管理职责和建立保护名录等措施，并积极学习和借鉴国外的成功经验和方法，同时结合自身的历史传统和国情，从而形成具有中国特色的工业遗产保护体系。

总体而言，中国现有的工业遗产保护理论在多个领域取得了显著进展，涵盖了历史价值认知、文化景观保护和可持续发展等方面，不仅拓宽了工业遗产的学术研究维度，还推动了文化创意产业的发展。虽然工业遗产的合理再利用在一定程度上促进了城市更新与经济增长的双重发展，但在实际应用中仍面临诸多困境。首先，法律保障体系尚不健全，缺乏细致的执行标准和规范，导致地方保护措施的执行力度不足。其次，经济利益与文化保护之间的矛盾尚未得到有效化解。部分工业遗产在开发过程中由于过度商业化，历史与文化价值不同程度地被弱化。最后，资金和技术支持的不足也是工业遗产保护工作的重大挑战。特别是在资源匮乏的地区，由于缺乏长期稳定的资金和技术保障，遗产的修复和维护工作难以持续进行。为此，本书将以重庆市工业遗产活化利用项目为例，分析各行业工业遗产保护的典型案例，期望寻找到能解决或缓解上述这些问题的途径。

第三节
研究方法和创新性分析

一、研究方法

① 文献研究法。通过搜集整理有关工业遗产保护、工业发展、城市建设等相关方面的论著，形成基础的研究资料，为本书的研究提供理论支持。

② 对比分析法。总结国内外工业遗产保护利用的案例，以重庆市三线建设工业遗产保护利用为主案例，将其与国内外其他案例进行对比分析，总结重庆市工业遗产保护利用的成功经验。通过对比分析，研究者可以借鉴其他地区的先进做法，结合我国工业遗产分布情况、马克思主义和习近平新时代中国特色社会主义思想，制定科学的、合理的、具有中国特色的保护策略。

③ 多学科综合法。工业遗产保护利用工作涉及历史学、人类学、考古学等多学科研究领域。为保障工业遗产保护体系的科学性、全面性、完整性，本书将对不同学科的研究资料、理论成果等进行综合分析。例如，将历史学的文献研究法与建筑学的技术分析法相结合，将经济学的成本效益分析法与社会学的公众参与法相结合，从而形成综合性的研究方案。

二、创新性分析

党的十九大报告指出，中国特色社会主义进入了新时代，这是我国发展新的历史方位。我国城市发展也由此有了新的历史方位，新时代为工业遗产保护与再利用也提出了新的时代期许。在城市化加快和后工业时代的剧烈变革与猛烈冲击之下，越来越多的大规模工业区面临转型和推倒重来的境地；同时信息化、互联网经济、创新经济等领域不断冲击着既有的工业建筑保护与再利用的理念，带来了丰富的创新实践经验。探寻和把握现代工业遗产保护与再利用的新理念与新方法，是工业遗产保护领域共同关注且需审慎思考的重要命题。

工业遗产保护和再利用已越来越受重视，但还存在以下亟待解决的问题。一是重单体、轻整体。重视单体工业建筑的保护，缺乏对工业街坊风貌、工业区整体保护的系统研究。二是重视中华人民共和国成立以前的工业遗产保护研究，轻视对中华人民共和国成立后的工业遗产的保护研究。第一批公布的中国工业遗产保护名录中仅有 18% 为中华人民共和国成立后的项目，曾经担负着中国工业经济发展重担的现代工业的遗产价值和保护工作被忽视和漠视。三是重建筑、轻环境：忽视除建筑以外的工业设备与构筑物所形成的独特的长期工业市政道路与景观环境的保护。四是重物质、轻文化：工业区所承载的工业生产历史、技术管理、产业工人的集体记忆等非物质文化遗产的保护往往被忽视。五是重保护、轻利用：工业遗产的保护与再利用研究中，对于如何有效利用的研究不足，尤其是缺乏对工业建筑再利用的经济价值、文化价值、独特的景观价值的研究，并缺少与地区未来发展和有机更新相契合的方法研究。六是重理念、轻政策：对工业遗产保护的理念、价值认定、评价方法有较多论述，但是对保护与更新实施过程中存在的瓶颈问题缺乏针对性的政策创新与有效机制。由此可见，中国迫切需要对现代工业文化遗产保护与利用方法进行再认知与再反馈。

本书从以下方面进行创新性研究。首先，研究视角创新方面，本书以工业遗产保护与利用为研究切入点，创新性地将红色精神、三线精神等引入到工业遗产保护与利用工作中，并对其内涵进行深度解读。通过这一视角的拓展，构建具有中国特色的工业遗产保护利用体系，为相关实践提供一种可操作性强的研究视角。其次，设计实践创新方面，本书通过对重庆市工业遗产保护利用案例进行剖析，构建了具有中国特色的工业遗产保护利用体系，丰富了工业遗产保护利用的策略和方法，拓宽了该领域的设计实践路径。第三，理论创新方面，本书立足于传统区域性工业遗产保护利用方案，以重庆市三线建设为基点，以经济价值、社会价值和环境价值为基本因素，形成基础的多维度价值评估理论，并引入社区参与和多方协作等因素，最终建立多功能、多维度的价值评估理论体系，进一步完善了工业遗产保护的理论框架，推进了工业遗产保护与利用领域理论的更新与发展。

(1) 从学术角度出发，系统构建新理论体系

通过对现代工业遗产保护研究的再认知，在工业遗产保护理论与城市更新理论的基础上，进一步丰富和完善现有的工业遗产保护与利用理论，提出符合当前工业遗产保护与再利用的理论体系，有助于对工业遗产进行全方位、深层次、整体性的研究。新理论体系是包括物质遗产（工业建筑、工业街坊、工业道路和工业区等），与非物质遗产（工业历史、工业生产、工业管理和集体记忆等）在内的全方位、系统性、符合中国国情的新时代工业遗产保护与利用理论体系。在时间上，由重视中华人民共和国成立前工业遗产保护研究，扩展到对中华人民共和国成立后的工业遗产的保护研究；在空间上，由单体工业建筑、工业群的保护改造，扩展到工业街区乃至整个工业区的保护和活化利用；在对象上，由建筑的保护改造，扩展到包括空间、格局、交通、景观、环境等综合要素的整体保护；在内容上，从单一的物质遗产保护扩展到物质与非物质遗产保护兼顾，保护工业遗产本身所具有的独特的文化价值与集体记忆的价值，工业遗产是一种具有运营价值、商业价值、历史人文价值以及对应未来创新经济的、独特的、不可再生的具有历史文化价值的城市特质空间；在领域上，涉及遗产保护和城市更新理论体系的跨学科研究，涉及经济、管理、社会、文化等多个领域。

(2) 从实践角度出发，系统地提出新方法

总结工业遗产的最佳实践案例，系统性提出工业遗产保护与再利用的新方法，促进城市工业转型和工业文化的保护传承，让工业区的转型更新在城市发展中发挥更积极的作用。面对现实困境尤其应该着重解决以下三方面的问题：第一，工业遗产保护与利用中存在空间布局碎片化、自发性，再利用功能单一化、地产化，工业转型的运行短期化、投机化等问题，给工业遗产的长远发展与整体保护造成局限性。第二，保护更新政策涉及多方利益主体，多元合作的情况复杂，政策创新的难度大。第三，现代工业区在快速转型过程中，其工业遗产的保护和再利用价值往往容易被忽视，较难形成共识。通过对国内外较成功的实践案例的经验进行总结和提炼，提出应当在全息现状普查与梳理评估的基础上，确定保护利用与整体转型的发展战略；提出功能定位、土地使用、产业结构、发展模

式和环境设施等方面的实施策略，制定包括土地、规划、技术、资金以及创新机制等政策保障。由此形成由普查评估、发展战略、实施策略和政策保障四个维度构成的系统的工业遗产保护与利用的新方法。探索符合中国国情的现代工业遗产保护与利用的新理念、新思路，指导城市在快速化发展过程中对工业区进行转型和升级，更好地加强工业遗产保护与传承，广泛弘扬中华优秀工业文化精神，大幅提升我国工业文化及城市发展的软实力，为建设制造强国和文化强国作出积极贡献。

第四节 学术价值和应用意义

一、学术价值

第一，本书将系统探讨工业遗产保护与城市更新之间的平衡策略。工业遗产的再利用不仅限于建筑物的物质保护，更关键的是如何在保护其文化、社会和经济功能的前提下，满足当代社会的多元需求，实现遗产资源的可持续利用。本书将以重庆市工业遗产保护为例，探讨在城市更新过程中如何有效协调工业遗产保护与城市发展的关系。

第二，重庆市工业遗产的保护与活化利用为工业文化与文化创意产业的融合发展开辟了新的路径。本书总结并分析了工业文化与文化创意产业融合的机制，并探讨了工业遗产在提升城市文化软实力及促进城市经济转型中的潜在作用。该研究不仅为工业文化的学术研究增添了新的理论视角，也为其他城市探索工业遗产的创新性利用提供了重要参考。

二、应用意义

第一，重庆市工业遗产保护项目为中国工业遗产保护提供了宝贵的经验和参考。工业遗产是城市历史和文化的重要组成部分。重庆市政府在保护与开发过程中，严格遵循“最小干预”原则，为其他地区的工业遗产保护提供了可借鉴的模式，尤其是在针对行业特性的基础上，为政策制定、管理机制、公众参与等方面提供了实践指南。本书通过对重庆市工业遗产保护案例进行具体剖析，在一定程度上能够提高社会对工业遗产保护工作的关注度。同时，课题研究为工业遗产保护提供了更为完善的案例分析，为其他城市的工业遗产保护与利用提供了宝贵的实践经验。

第二，重庆市在工业遗产保护方面的工作为中国工业遗产保护政策和相关法律法规的实施提供了典型案例支持。通过对重庆市在工业遗产保护中的政策创新及其实践路径的分析，本书探讨了地方政府在工业遗产保护中的核心角色，以及其与包括企业在内的市场主体等多方协同合作的有效机制。这一研究为其他地区的工业遗产保护工作提供了参考经验，并有利于完善中国工业遗产保护的制度体系。

第二章 重庆百年工业史及工业遗产资源

锈色新颜

重庆市是中华人民共和国成立以来最早和最重要的工业基地之一，在“一五”“二五”期间，国家组建了一大批工业企业。20 世纪 60 年代中期，党中央作出三线建设重大战略决策，决定“准备用三年的时间，以重庆钢铁公司为中心，在重庆地区（包括鄂西到綦江一线）建立一个生产常规武器和机械制造的工业基地[1]”。改革开放后，重庆工业不断发展，成为首批全国综合经济体制改革试点城市，汽车工业和电子工业强势崛起，初步实现工业振兴。进入新时代，重庆坚持把制造业高质量发展放到更加突出的位置，通过深入实施“工业强市”战略，推动工业在转型升级中多元发展，促进制造业实现质的有效提升和量的较快增长。重庆工业的发展是中华人民共和国成立后工业崛起的鲜活案例，同样在重庆工业发展和迭代过程中，也形成了大量宝贵的工业遗产。

第一节
重庆百年工业史

清末时期，随着西方列强凭借坚船利炮打开中国的大门，重庆作为西南地区的重要商埠，逐渐开始接触外来工业文明。1891 年，重庆正式开埠，成为长江上游第一个对外开放的城市，带动了我国工业化进程的发展。同时，随着外国资本的渗透，一批外资企业如英国立德乐洋行、美国美孚石油公司等相继在重庆设立分支机构，这些企业带来了先进的生产技术和管理经验，进一步促进了重庆工业的初步发展。晚清民国时期，重庆已经开启了工业建设，纺织、食品、化工等轻工业开始兴起，一些民族企业家如卢作孚、胡厥文等人凭借其远见卓识和不懈努力创办了民生轮船公司、华生电器厂等企业，为重庆乃至全国的工业发展作出了重要贡献。

“工业内迁”是重庆工业化进程中的重要转折点。抗日战争全面爆发后，中国沿海城市遭受日军轰炸，工业基础设施遭到严重破坏。为了维持抗战经济和保障国防需要，国民政府决定实施“工业内迁”政策，将沿海工业向内地转移。重庆作为大后方，凭借其相对安全的地理位置，成为工业内迁的首选地之一。1938 年，大批上海、南京等地的企业内迁至重庆，其中包括兵工厂和钢铁厂，推动重庆迅速成为抗战期间的重要工业基地。以第二十兵工厂（现重庆长安汽车公司前身）为代表的军工企业迁入重庆，专门生产武器弹药以支援前线。随着大量企业和技术人员的迁入，重庆的工业技术水平和生产能力大幅提升，工业体系逐步完

[1] 该内容出自李富春同志写给毛泽东同志的汇报信，引自陈东林执行主编的《中国共产党与三线建设》。

善，这奠定了重庆成为工业重镇的基础。为了适应战争需求，重庆在工业基础设施上进行了大规模的建设和扩展，涉及电力、交通、通信等多个领域，为重庆工业的持续发展提供了坚实保障。抗日战争期间，重庆的工业结构呈现出“军工主导，轻工业衰退”的特点，兵工厂、兵器制造厂和化学工业成为工业体系的核心部分，而轻工业的发展则相对受到限制。抗日战争胜利后，这些企业继续发挥重要作用，推动重庆在中华人民共和国成立初期成为全国重要的工业城市之一。

中华人民共和国成立后，重庆市开始大规模推进工业化。第一个五年计划期间（1953～1957 年），重庆的工业建设主要集中于基础设施的建造和关键工业项目的实施，如钢铁、机械制造和化工行业的迅速扩展。党中央通过集中投资和计划经济手段，迅速推动了重庆的工业化进程，建立了以钢铁、机械、化工等领域为支柱的工业体系。第二个五年计划期间（1958～1962 年），党中央进一步加大了对重庆重工业和军工产业的投资力度，确立了重庆作为中国西南地区重要工业基地的地位。重庆的工业总产值持续大幅增长，重工业主导的工业结构逐渐成形。1953～1965 年间，重庆工业总产值从 77600 万元增加到 257000 万元（按照 1980 年不变价格计算）。

20 世纪 60 年代中期，面对复杂的国际形势和国家安全需求，中共中央作出了三线建设的重大战略决策，将沿海和边疆地区的重要工业企业和科研单位向内地迁移，加强国防安全建设，并优化经济建设的纵深布局。凭借独特的地理位置、丰富的自然资源和良好的工业基础，重庆被确定为大三线建设的重点地区之一。在这一时期，数以万计的工人、技术人员以及解放军官兵从全国各地汇聚到重庆，满怀建设祖国的热情，投入热火朝天的建设工作中。以铁路、公路、长江为网络的交通运输业，以煤炭和水、火电为主体的能源工业，以钢铁、有色金属为重点的原材料工业，以发电设备机床和汽车为代表的机械制造工业，以元器件、通信和引导设备为骨干的电子工业，以战略武器和轻重型军事装备为特点的国防科技工业，都形成了相当的生产能力，为国民经济的发展和国防现代化建设作出了重要的贡献。许多重要的军工企业，如重庆长安工业集团、北方工业公司等，都是在此期间成立的。常规兵器生产基地、船舶工业基地以及军工电子工业基地等一系列重大项目相继在重庆落地，不仅显著增强了重庆的工业实力，也为国家的国防安全和经济建设作出了不可磨灭的贡献。其中，重庆常规兵器工业基地以重庆市为中心，扩展到周围的 14 个区县，由 46 个企业和 8 个科研、学校等事业单位组成，累计投资 15.23 亿元（当时币值），为我军自卫反击作战做出了重大贡献。三线建设期间，重庆的工业体系得到了前所未有的发展和完善。工业从简单加工逐步发展到精密制造，产业结构也从单一的军工生产扩展到多元化的产业布局。例如，重庆长安汽车制造厂于 1970 年成立，长安汽车从生产军用吉普车起步，逐步发展为大型综合性汽车制造企业。同时，三线建设还推动了重庆科技、教育、文化等社会事业的全面发展，为城市的长远发展奠定了坚实的基础。在三线建设期间，重庆市的工业发展呈现出“战略布局与国家主导，重工业与军工业优先发展”的特点。随着大量工业项目的落地，重庆的工业产值显著增长，1964～1978 年间，重庆工业总产值从 208700 万元增加到 621600 万元（按照 1980 年不变价格计算）。

进入改革开放新时期，随着国家工作重心的转移和社会主义市场经济体制的确立，重庆的工业发展进入了一个新的阶段，迎来了新的机遇与挑战。1997 年，重庆被设立为直辖市，这一举措进一步推动了该地区经济和工业的快速发展。直辖市的地位为重庆在政策支持、资金投入和基础设施建设方面提供了更多优势。重庆在面对计划经济体制遗留的诸多问题时，如产业结构不合理、企业效率低下和创新能力不足等，开始了大规模的工业调整与改造，通过实施“军转民”战略，将许多军工企业的生产重心从军用产品生产转向民用产品生产，积极引进外资和技术，加强技术改造和产业升级，推动传统工业焕发新生。汽车、摩托车、装备制造和电子信息等产业迅速崛起，成为重庆工业新的增长点。

进入 21 世纪，伴随着全球化和信息化浪潮的推动，重庆市大力发展高新技术产业，迎来了工业转型的关键时期。政府通过制定政策和提供资金支持，积极推动产业转型升级，特别是在“一带一路”倡议和成渝地区双城经济圈建设战略的提出后，重庆的工业发展迈入了新的阶段。如 2000 年重庆市政府与惠普公司合作，成功建设了惠普重庆制造基地，使重庆成为全球重要的笔记本电脑生产中心。惠普基地的建立不仅吸引了大量配套企业，也推动了电子信息产业集群的形成。重庆的工业结构在这一时期逐渐从传统的重工业主导向轻工业和高新技术产业的多元化发展转变。汽车制造、电子信息、装备制造、化工和材料工业成为重庆工业经济的支柱产业。特别是汽车和摩托车产业的蓬勃发展，使得重庆逐渐发展成为中国重要的汽车制造基地之一，长安汽车、力帆汽车等本地企业就是在这一时期崛起的。

改革开放后，重庆工业化建设虽然取得了极大的发展，但产业结构主要依赖传统制造业和重工业。以重庆钢铁公司（重钢）为代表的钢铁产业，技术创新不足，高端产品占比较低，资源消耗巨大；以长江机床为代表的机械制造行业，虽然产品广泛应用全国，但整体技术水平落后，缺乏高附加值产品；化工产业虽历史悠久，但仍以基础产品为主，附加值低且污染严重。此外，重庆作为“中国摩托车之都”，面临市场饱和及技术升级的压力，存在智能化和电动化技术储备不足的困境。工业发展模式依赖资源消耗和大量劳动力，存在高能耗、高污染和低附加值的问题。科技创新能力不足成为重庆工业升级的瓶颈，研发投入不足，高端技术人才短缺，缺乏自主核心技术，导致重庆工业难以满足现代制造业的需求。同时，工业污染问题严重，环保技术和设施滞后，绿色发展起步较晚。社会与经济效益方面，就业压力大，劳动力结构失衡，城乡发展不均衡，第三产业发展滞后，经济结构失衡明显。这些问题，都是重庆工业发展面临的巨大阻碍。

习近平总书记强调，新质生产力是新时代高质量发展的内在要求和重要着力点，是实现中华民族伟大复兴的必然要求。新质生产力强调创新驱动、绿色低碳和高附加值的经济增长模式，符合新时代经济发展的基本要求。重庆坚持以习近平新时代中国特色社会主义思想为指导，深入贯彻新发展理念，落实高质量发展要求，以深化供给侧结构性改革为主线，坚持把发展经济着力点放在实体经济上，实施制造强市发展战略，工业经济规模不断壮大，产业结构持续优化，现代化工业体系加快构建，为全市经济发展提供了有力支撑。

2016 年，重庆市人民政府办公厅发布了《重庆市供给侧结构性改革去产能专项方案》，明确了去产能工作的总体要求和具体措施。同年 2 月，重庆市人民政府办公厅印发了《重庆市深入实施创新驱动发展战略工作方案》，从创新突破、创业培育、基地建设、人才改革、投融资扶持等方面确定了 38 项重点任务。一方面，对传统制造业中的低能效、高能耗行业进行调整，逐步淘汰落后产能。例如，钢铁、煤炭等传统重工业在技术升级和环保治理方面进行了大规模投资，以减少能源消耗和污染排放，推动产业向高端化、绿色化方向发展。另一方面，大力发展战略性新兴产业。通过政策引导和资金支持，重庆积极培育信息技术、智能制造、新能源、新材料等高新技术产业，以增强经济增长的内生动力。以长安汽车为代表的重庆汽车产业，逐步从传统燃油车向新能源汽车和智能网联汽车转型，并在自动驾驶、脑电控制等前沿技术领域取得了突破性进展。

重庆市通过构建“33618”现代制造业集群体系，致力于培育新质生产力，实现经济高质量发展。这一战略举措的关键在于推动卫星互联网、生物制造、生命科学、元宇宙、前沿新材料、未来能源等新兴产业的崛起，并提升功率半导体和集成电路等现有产业的技术水平。为了进一步推动新质生产力的发展，重庆市出台了一系列政策。如《重庆市加快推动高校科技成果转化与产业化若干措施》明确提出了 21 条具体措施，以加快高校科技成果的产业化进程。这些举措不仅有助于将高校的科研优势转化为现实生产力，还有利于推动产业链上下游的协同创新。此外，重庆市还发布了《重庆市高新技术企业和科技型企业“双倍增”行动计划（2023—2027 年）》，该计划旨在通过提供融资支持和加强产学研合作，双倍增高新技术企业和科技型企业的数量，进一步推动区域科技创新和产业升级。重庆部署了制造业数字化转型的八大行动，并推出了 4 个“一链一网一平台”试点示范项目。重庆市制定了《深入推进新时代新征程新重庆制造业高质量发展行动方案（2023—2027 年）》，部署建设“33618”现代制造业集群体系。在这一战略框架下，重庆市的汽车产业、能源工业、消费品产业和材料产业均实现了显著增长。重庆市政府出台了多项政策支持制造业高质量发展，例如《支持制造业高质量发展若干政策措施》。这些政策为重庆制造业的高质量发展提供了强有力的支撑。

重庆市锚定建设国家重要先进制造业中心目标，紧盯高端化、智能化、绿色化方向，着力构建以先进制造业为骨干的现代化产业体系。制造业发展提质增效，立足产业基础、着眼未来趋势，接续实施智能网联新能源汽车产业集群发展规划，出台食品及农产品加工产业高质量发展意见和十条政策措施，制定新一代电子信息制造业、先进材料等产业集群高质量发展行动计划，深化工业企业技术改造。

党的十八大以来，重庆市工业经济发展迅猛，总量连创新高。2012 年，重庆市全口径工业增加值为 4291.40 亿元，2021 年突破至 7888.68 亿元，2013～2021 年，工业增加值年均增长 8.6%，高于全国年均增速 2.5 个百分点。主要工业产品产量保持较快增长。笔记本电脑优势进一步巩固，以智能手表为代表的智能消费设备突飞猛进，液晶显示屏、集成电路等核心零部件逐步补强，高性能铝材、MDI 等新材料逐步壮大。2021 年重庆市生产的汽车、摩托车、微型计算机设备和手机在全国具有较大影响，占比分别达到 7.5%、17.0%、23.0% 和 6.7%。重庆市规模以上工业结构逐步由“双轮驱动”向“多点支撑”转变，按增加值总量排序，前三大行业由 2012 年的汽车、消费品、材料转变为 2021 年的材料、消费品和电子产业。新兴产业引领作用增强，2021 年，高技术和战略性新兴制造业增加值占规模以上工业的比重为 19.1% 和 28.9%，分别比 2016 年提高了 4.1 和 12.6 个百分点，有力推动工业经济结构转型升级。规模以上数字制造业实现增加值 1349.11 亿元，占规模以上数字产业增加值的 61.4%。重庆以高耗能行业节能降耗为重点，加快推进工业绿色转型，节能减排取得成效。2021 年，规模以上工业六大高耗能行业产值合计占全部规模以上工业的 22.4%，比 2012 年下降 1.4 个百分点。

重庆百年工业的迭代历程展现了其从初步工业化到现代化工业体系，再到高新技术和智能制造的多次转型升级。每个阶段都反映了时代背景和技术进步，为重庆经济社会的发展做出了重要贡献。具体汇总如表 2-1 所示。

表 2-1 重庆百年工业迭代历程

时期	时间	发展背景	代表产业	特征
清末民初时期	19 世纪末至 20 世纪初	在西方列强的侵略下，中国开始进行自强运动，重庆逐渐成为内陆重要的工业基地	纺织、制盐、煤矿开采和手工业	初步工业化阶段，主要以手工业和轻工业为主，工厂规模较小，技术水平较低

续表

时期	时间	发展背景	代表产业	特征
抗日战争时期	1931～1945 年	抗日战争全面爆发后，沿海工业内迁，重庆成为战时大后方的重要工业基地	钢铁、机械、军工、化工等	大量沿海工厂内迁至重庆，带动了当地的工业发展，形成了较为完整的工业体系
中华人民共和国成立初期（工业体系初步建立）	1949～1965 年	中华人民共和国成立后，中央政府大力推动工业化，重庆成为西南地区的重要工业城市	钢铁、机械、化工、电子等	大规模的工业建设，国有企业主导，形成了以重工业为主的产业结构
三线建设时期	1965～1980 年	为了备战备荒，中央政府实施三线建设，大批工厂迁入重庆及周边地区	军工、电子、机械、化工等	三线建设加速了重庆工业的发展，形成了大量分布在山区的工业企业，强化了重庆的工业基础
改革开放初期	1980～2000 年	改革开放政策的实施下，市场经济体制逐步建立，重庆工业开始转型升级	汽车制造、摩托车制造、机械制造、化工等	引入外资和先进技术，民营经济逐步发展，工业结构逐步多样化和现代化
21 世纪初期	2000～2012 年	进入 21 世纪，全球化和信息化浪潮推动工业变革，重庆大力发展高新技术产业	电子信息、汽车制造、新能源、智能制造等	依托高新技术开发区和产业园区，重庆形成了以高新技术产业为主的新兴工业体系，推动产业链升级和创新发展
中国特色社会主义新时代	2012 年至今	进入新时代，重庆着眼本地资源，加快推动传统制造业企业数字化、网络化、智能化改造步伐	化工与新材料、绿色工业与新能源、集成电路、新型显示、5G 大数据、工业互联网等	重庆市的工业结构逐步由“双轮驱动”向“多点支撑”转变，重庆的工业经济正在围绕产业集群、创新、融合、绿色和协同等多方面同步进行

第二节
重庆工业遗产资源

重庆的工业遗产资源丰富，涵盖了重工业、军工产业、机械制造业、交通运输业等多个领域，具有重要的历史、文化和技术价值。重庆作为中国近现代西南地区的工业重镇，拥有丰富的工业遗产资源。截至 2023 年底，全市共有工业遗产百余处，部分如表 2-2 所示。

表 2-2　重庆市部分工业遗产名单

序号	名称	行业	建厂时间	区域
1	白猫日化厂	化工	—	江北区
2	重庆市供销社棉麻厂滩子口仓库	其他	—	九龙坡区
3	重庆冶锌遗址群	冶金及加工	明、清时期	石柱自治县
4	建设厂	机器制造与兵器制造	1890 年创建，1939 年迁渝	九龙坡区
5	水轮机厂	机器制造与兵器制造	1895 年	巴南区
6	长江电工厂	机器制造与兵器制造	1905 年	南岸区
7	松溉印刷厂	轻工业(造纸业及印刷业)	1906 年	永川区
8	重庆造纸厂	轻工业(造纸业及印刷业)	1906 年上海建厂，1939 年迁渝	江北区
9	重庆茶厂历史建筑群	轻工业	1910 年	南岸区
10	3539 厂	制鞋	1912 年	江津区
11	顺昌铁厂	冶金及加工	1913 年始建于上海，1938 年迁渝	江北区
12	亚细亚石油公司旧址	化工	1918 年	江北区
13	重庆特钢厂	冶金及加工	1919 年	沙坪坝区
14	弹子石印刷厂旧址	轻工业	1920 年	南岸区
15	重庆自来水厂	基础设施生产及供应业	1927 年	渝中区
16	重庆电机厂	机器制造与兵器制造	1927 年	九龙坡区
17	重庆东风船舶工业公司	船舶制造业	1928 年	江北区
18	民生公司电灯部旧址	其他	1929 年	合川区
19	天原化工厂	化工	1929 年，1938 年迁渝	江北区
20	重庆冶炼厂	冶金及加工	1933 年	綦江区
21	江陵厂	机器制造与兵器制造	1936 年	江北区
22	晒网沱盐仓	其他	1936 年	合川区
23	巴 1 井天然气工业遗址	天然原油开采业	1937 年	巴南区
24	重庆四钢厂	冶金及加工	1937 年	綦江区
25	牛肉干厂旧址	轻工业(食品制造业及烟草制造业)	1937 年	綦江区
26	重庆钢铁厂	冶金及加工	1938 年	大渡口区
27	望江机器制造总厂	机器制造与兵器制造	1938 年	江北区
28	抗战内迁药厂建筑群	轻工业(医药制造业)	1938 年	江北区
29	大溪沟电厂	基础设施生产及供应业	1938 年	渝中区

续表

序号	名称	行业	建厂时间	区域
30	天府煤矿	采矿	1938 年	北碚区
31	海孔洞飞机制造基地	飞机制造	1938 年	万盛经开区
32	璧山县印刷厂	轻工业(造纸业及印刷业)	1938 年	璧山区
33	璧山县鞍子山煤矿	采矿	1938 年	璧山区
34	重庆石棉制品厂	建材	1939 年	大渡口区
35	綦江齿轮厂	机器制造与兵器制造	1939 年	綦江区
36	瀼渡发电厂	基础设施生产及供应业	1939 年	万州区
37	大昌冶炼厂旧址	冶金及加工	1939 年	合川区
38	新运纺织厂	轻工业(纺织业)	1939 年	江津区
39	中央工业实验所	其他	抗战时期	南岸区
40	滑翔机修造所旧址	其他	抗战时期	北碚区
41	狮子滩发电总厂旧址	基础设施生产及供应业	20 世纪 40 年代	长寿区
42	桃花溪电站	基础设施生产及供应业	20 世纪 40 年代	长寿区
43	大渡村粮食仓库	其他	1940 年	大渡口区
44	豫丰纱厂合川支厂旧址	轻工业(纺织业)	1940 年	合川区
45	铁马厂	机器制造与兵器制造	1941 年	九龙坡区
46	甘家坝军粮库旧址	其他	1942 年	合川区
47	重庆钢丝绳厂	冶金及加工	1943 年	綦江区
48	高洞电站	水利水电	1944 年	江津区
49	璧山县三江造纸厂	轻工业(造纸业及印刷业)	1946 年	璧山区
50	璧山县红旗煤矿	采矿	1948 年	璧山区
51	长安精密仪器厂	机械制造(自动化仪表)	新中国成立初期	江北区
52	印制二厂	轻工业(造纸业及印刷业)	20 世纪 50 年代	渝中区
53	太平桥炼钢遗址烟囱	冶金及加工	20 世纪 50 年代	綦江区
54	重庆发电厂	基础设施生产及供应业	1952 年	九龙坡区
55	江津区红豆树酒厂	食品制造业	1952 年	江津区
56	重庆木材综合厂	建材	1953 年	大渡口区
57	南桐电厂	火力发电	1953 年	万盛经开区
58	龙溪河梯级发电站	基础设施生产及供应业	1954 年	长寿区
59	中梁山煤矿洞口及煤厂	采矿	1955 年	九龙坡区
60	重庆肉类联合加工厂	其他	1955 年	大渡口区
61	重庆纺织仓库	其他	1956 年	江北区
62	重庆鸽牌电缆厂	电线、电缆制造	1956 年	沙坪坝区

续表

序号	名称	行业	建厂时间	区域
63	何埂镇石笋山柏林碗厂	其他	1956 年	永川区
64	白沙铁工厂	铁产品加工	1956 年	江津区
65	尖山堡水泵厂旧址	机器制造与兵器制造	1957 年	九龙坡区
66	白沙沱长江铁路大桥	其他	1958 年	大渡口区
67	鱼田堡煤矿	采矿	1958 年	万盛经开区
68	砚石台煤矿	采矿	1958 年	万盛经开区
69	红岩煤矿	采矿	1958 年	万盛经开区
70	南桐矿业公司机械制造厂	矿井机械制造及维修	1958 年	万盛经开区
71	巴山仪表厂	机械制造(自动化仪表)	1959 年	九龙坡区
72	重庆罐头厂	轻工业	20 世纪 60 年代	九龙坡区
73	川仪十六厂	机械制造(自动化仪表)	20 世纪 60 年代	沙坪坝区
74	7012 工程	机器制造与兵器制造	20 世纪 60 年代	南川区
75	国营卫东机械厂旧址	机器制造与兵器制造	1960 年	长寿区
76	印制一厂	印刷业	1960 年	渝中区
77	国营天星仪表厂旧址	机械制造(自动化仪表)	1962 年	南川区
78	中国兵工物资总公司西南公司 59507 仓库旧址	其他	1963 年	万盛经开区
79	永平机械厂	机器制造与兵器制造	1963 年	万州区
80	中国人民解放军原总后勤部 508 仓库旧址	其他	1963 年	万盛经开区
81	重庆浦陵机械厂	机器制造与兵器制造	1964 年	北碚区
82	重庆探矿机械厂	机械制造	1964 年	沙坪坝区
83	国营宁江机械厂旧址	机器制造与兵器制造	1964 年	南川区
84	松藻矿务局打通一矿	采矿	1964 年	綦江区
85	四川仪表四厂	机械制造(自动化仪表)	1965 年	北碚区
86	西南铝加工厂	冶金及加工	1965 年	九龙坡区
87	501 仓库	其他	1965 年	九龙坡区
88	红岩机器厂	机器制造与兵器制造	1965 年	北碚区
89	重庆长江橡胶厂	化工	1965 年	南岸区
90	清平机械厂	机器制造与兵器制造	1965 年	万州区
91	国营长平机械厂旧址	机器制造与兵器制造	1965 年	万州区
92	国营 107 厂	机器制造与兵器制造	1965 年	綦江区
93	国营红卫机械厂旧址	机器制造与兵器制造	1965 年	武隆区

续表

序号	名称	行业	建厂时间	区域
94	国营晋林机械厂旧址	机器制造与兵器制造	1965 年	万盛经开区
95	武江机械厂	机器制造与兵器制造	1965 年	万州区
96	四川染料厂旧址	化工	1965 年	长寿区
97	重庆益民机械厂旧址	机器制造与兵器制造	1965 年	荣昌区
98	第五机械工业部 7008 工程遗址	机器制造与兵器制造	1965 年	梁平区
99	32111 钻井队	发石油开采	1965 年	江津区
100	解放军一四二四所	集成电路	1965 年	永川区
101	国营第二四六厂(青山机械厂)	机械制造	1965 年	璧山区
102	白沙糖厂	食品制造	1965 年	江津区
103	五四研究所	兵器制造(精工企业)	1965 年	江津区
104	重庆煤矿安全厂旧址	机器制造与兵器制造	1966 年	北碚区
105	四川仪表二厂	机械制造(自动化仪表)	1966 年	北碚区
106	816 工程遗址	机器制造与兵器制造	1966 年	涪陵区
107	国营晋江机械厂旧址	机器制造与兵器制造	1966 年	江津区
108	佳兴煤矿	采矿	1966 年	永川区
109	第六机械工业部 911 仓库旧址	其他	1966 年	武隆区
110	国营红山铸造厂旧址	机器制造与兵器制造	1966 年	南川区
111	国营庆江机器厂旧址	机器制造与兵器制造	1966 年	綦江区
112	第六机械工业部 911 仓库旧址	其他	1966 年	武隆区
113	重庆华江机械厂旧址	机器制造与兵器制造	1966 年	荣昌区
114	川顺转运站	危化品仓储、成品油批	1966 年	江津区
115	江津铁业公司	生铁制造	1966 年	江津区
116	重庆重型铸锻厂旧址	机器制造与兵器制造	1967 年	大渡口区
117	四川灯具厂	机器制造与兵器制造	1967 年	北碚区
118	川东造船厂	机器制造与兵器制造	1967 年	涪陵区
119	重庆红江机械有限责任公司车间	机械加工	1967 年	永川区
120	大宝坡石灰石矿	采矿	1968 年	大渡口区
121	前进机械厂	装备制造	1968 年	江津区
122	虎溪电机厂	机器制造及兵器制造	1969 年	沙坪坝区
123	重庆水文仪器厂旧址	机器制造与兵器制造	1969 年	北碚区
124	重庆红岩缝纫机厂	机器制造与兵器制造	1969 年	沙坪坝区
125	重庆坦克库	机器制造与兵器制造	20 世纪 70 年代	九龙坡区
126	西山煤矿	采矿	20 世纪 70 年代	垫江区

续表

序号	名称	行业	建厂时间	区域
127	三块石发电厂	基础设施生产及供应业	20 世纪 70 年代	潼南区
128	四川仪表七厂	机械制造(自动化仪表)	1970 年	北碚区
129	四川维尼纶厂	轻工业	1970 年	长寿区
130	箕山煤矿	采矿	1970 年	永川区
131	2342 厂	其他	1970 年	江津区
132	重庆钢球厂	机器制造与兵器制造	1971 年	万盛经开区
133	中国人民解放军原总后勤部 2383 仓库旧址	其他	1972 年	江津区
134	田坝粮站	粮油储备仓库	1972 年	江津区
135	江津 094 职工医院	其他	1975 年	江津区
136	二圣茶厂	茶叶加工	1976 年	巴南区
137	璧山县水泥厂	建材制造业	1978 年	璧山区
138	安居缫丝厂房	轻工业(纺织业)	1979 年	铜梁区
139	璧山县缫丝厂	纺织业	1979 年	璧山区
140	綦江龙海纺织有限公司	轻工业	1980 年	綦江区

重庆出台了多项工业遗产管理办法，如《重庆市工业遗产管理暂行办法》（以下简称《暂行办法》），明确保护责任和违法处罚措施，对破坏遗产的行为进行严厉打击，确保遗产得到法律保护。《暂行办法》指出，重庆市工业遗产核心物项，是指代表重庆市工业遗产主要特征的物质遗存和非物质遗存。物质遗存包括作坊、车间、厂房管理和科研场所、矿区等生产储运设施以及与之相关的生活设施和生产工具、机器设备、产品、档案等；非物质遗存包括生产工艺知识、管理制度、企业文化等。《暂行办法》要求，要加强重庆市工业遗产的宣传推广，支持有条件的区县和企业依托重庆市工业遗产建设工业博物馆，并运用现代信息技术，发掘整理各类遗存，完善工业博物馆的收藏、保护、研究、展示和教育功能。支持区县利用重庆市工业遗产资源，坚持绿色发展理念，完善基础设施和配套服务，拓展工业遗产展示利用的广度和深度，开发具有地域和行业特色的工业旅游项目，催生一批新产品，融入全市旅游发展。鼓励区县和企业利用重庆市工业遗产相关资源，融入文化创意产业，形成文化创作、文化运营、商务办公孵化等功能，建设创意产业园区、特色街区（小镇）、工业遗址公园、工业文旅街区，培育新业态。鼓励社会组织、高等院校、科研机构开展工业遗产研究，加强国内外交流，鼓励组建相关服务机构，提升重庆市工业遗产保护利用水平和能力，扩大其社会影响。部分重庆市工业遗产保护政策如表 2-3 所示。

表 2-3 重庆市工业遗产保护部分政策

政策文件	具体内容	意义
《重庆市工业遗产保护利用规划》	①提出工业遗产保护与利用的总体目标和具体任务； ②强调要通过合理利用实现工业遗产的可持续保护，推动工业遗产与文化创意、旅游等产业融合发展； ③设立重点保护项目，分阶段实施保护与利用措施	为未来几年重庆市工业遗产保护与利用工作提供了详细的实施方案和路线图
《重庆市工业遗产管理暂行办法》	①明确了申请重庆市工业遗产应具备的条件，申请主体、程序，申报材料要求和组织评审工作程序等； ②明确了重庆市工业遗产所有权人在重庆市工业遗产保护领域应当承担的职能职责和保护利用方面需要注意的问题等； ③明确了重庆市工业遗产保护利用总体定位、宣传推广、活化利用、遗产研究等	确立了工业遗产保护的法律地位，为相关部门和社会各界的保护行为提供了法律保障
《重庆市推动老工业城市工业遗产保护利用打造"生活秀带"工作方案》	①总结了重庆工业遗产历史脉络、重庆工业遗产现状及分布特点和重庆工业遗产清单等 3 个方面的基本情况，对全市 140 处工业遗产按照"三类三级"标准，分类建立保护利用目录； ②根据重庆工业遗产分布、产业基础等现状，结合重庆市发展定位和各区县发展实际，进一步明确了"一心、三带、多点"的工业遗产保护利用规划布局，以及各集中片区和集聚带的区域范围、主导产业、发展定位和建设重点等内容	方案将国家和地方关于工业遗产保护的法律法规具体化，提出了切实可行的工作措施和实施路径
《重庆市关于在城乡规划建设中加强历史文化保护传承的实施意见》	①全面保护历史文化资源，建立市、区县、乡镇三级管理体制； ②依法划定保护范围，鼓励利用历史文化资源发展文化创意和旅游产业； ③发挥保护委员会作用，完善法规制度，提供资金保障，加强监督检查和考核问责	2025 年，完善重庆城乡历史文化保护传承体系，遏制建设性破坏行为；2035 年，全面建成系统完整的保护传承体系，提升文化自觉和文化自信

一、机械制造工业遗产

机械制造业在重庆经济发展中占有重要地位。1891 年重庆开埠后，随着西方技术的传入和民族资本工商业的兴起，机器维修和零配件制造业开始蓬勃发展。到 1942 年，重庆的民营机器工厂和作坊数量已增至 439 家，可以生产上百种简单的机电产品，并承担各类机器和交通工具的维修工作。1949 年 11 月后，国家接管了 7 家由官僚资本创办的机械工业工厂，接收了 2572 名职工。第一个五年计划（1953～1957 年）期间，国家对重庆机械工业投资达 830 万元，重点对重庆机床厂进行投资；改造并扩建了重庆电工器材厂、重庆机器铁工厂、重庆柴油机厂、綦江汽车配件厂。三线建设时期是重庆机械工业发展的重要时期，国家对重庆机械工业总投资达 3.9 亿元。从沿海地区以全迁、分迁、包建等形式，先后内迁和就地新建、扩建的企业共 37 个。其中内迁企业与重庆老厂合并建设的有重庆电机厂、西原电机厂、东风机器厂、江北机器厂、矿山机械厂、起重机厂、新建机器厂、四川汽车制造厂、重标厂、四标厂 10 家工厂。内迁新建的企业有红岩机器厂、浦陵机器厂、重庆工具厂、压缩机配件厂、第二标准件厂、第三标准件厂、标准件工具厂 7 家工厂。就地改建、扩建和新建的有通用机器厂、重庆机床厂、二机床厂、水轮机厂、水泵厂、冷冻机厂、锅炉厂、汽车厂、钢球厂、第二轴承厂、开关厂、铸造厂、锻造厂、铸造机械厂、印刷机械厂、汽车配件厂、綦江齿轮厂、汽车弹簧厂、机床维修厂、电影机械厂 20 家工厂。这些机械工业企业不仅在三线建设时期为国防和经济发展作出了巨大贡献，同时也成了具有重要历史价值和文化价值的工业遗产。《重庆市工业遗产管理暂行办法》明确将机械制造遗产列入工业遗产保护名录，以便进行系统化的管理和维护。针对机械制造遗产，重庆市政府出台政策支持遗产的修复和再利用，鼓励将老旧工厂转型为文化创意园、博物馆和展览中心。此外，根据《重庆市文化产业发展专项资金管理办法》，重庆市设立专项资金用于支持机械制造遗产的修复和保护项目。重庆市部分机械制造遗产的保护与利用情况如表 2-4 所示。

表 2-4 重庆市部分机械制造遗产的保护与利用

名称	地点	创始时间	历史价值	典型遗存	保护与利用
重庆长安汽车公司	渝北区	1862 年	中国最早的近代兵工企业之一，前身是长安机器制造厂、江陵机器厂	早期工厂的部分设备和建筑、现代化汽车生产线	兵器博物馆
重庆柴油机厂	沙坪坝区	1950 年	中国重要的柴油机制造企业	柴油机生产线、老厂房、测试设备	柴油机博物馆
嘉陵工业园区	渝北区	1950 年	全国最大的摩托车生产企业之一	摩托车生产线、老厂房、生产设备	嘉陵工业文化博物馆
重庆工具厂	沙坪坝区	1952 年	中国重要的工具制造企业	工具生产线、老厂房、加工设备	工具博物馆
重庆重型机器厂	江北区	1954 年	中国重要的重型机械制造企业	重型机械生产线、老厂房、大型锻压设备	重型机械博物馆
长江机床厂	九龙坡区	1956 年	重庆市重要的机械制造企业	老厂房、机床设备、生产线	工业博物馆
重庆摩托车总厂	南岸区	1958 年	中国重要的摩托车制造企业，推动了中国摩托车产业的发展和普及	从手工组装到现代化生产的生产流水线	摩托车博物馆
重庆川仪厂	渝中区	1960 年	中国重要的仪器仪表制造企业	仪器仪表生产线、老厂房、检验设备	川仪博物馆
重庆齿轮箱厂	巴南区	1965 年	中国重要的齿轮和传动设备制造企业	齿轮生产线、老厂房、数控加工设备	齿轮制造博物馆

以江陵机器厂为例。江陵机器厂的发展历史可以追溯到1862年，当时李鸿章委托英国工程师马格里和中国官员刘佐禹在上海松江创办了中国最早的西洋式兵工厂之一——上海洋炮局。上海洋炮局在1863年迁至苏州并更名为苏州洋炮局，随后又迁往南京，改名为金陵兵工厂。1936年，中华民国国民政府在南京成立兵工署炮兵技术研究处，并在湖南株洲建厂。抗日战争全面爆发后，金陵兵工厂内迁重庆改名为第21兵工厂，湖南株洲建厂内迁至重庆改名第10兵工厂。抗日战争期间，江陵机器厂承担了全国约60%的军火生产任务，成为抗战胜利的坚实后盾。中华人民共和国成立后，1951年原第21兵工厂更名为456厂（长安机器制造厂），原第10兵工厂更名为152厂（江陵机器厂），并在发展中逐渐转为民用生产，曾参与抢修綦江铁路、生产“长江牌”46型吉普车。“长江牌”46型吉普车曾参加国庆10周年阅兵，至1963年累计生产1390辆。毛泽东、朱德、李先念、叶剑英、华国锋、彭德怀等党和国家领导人曾多次视察工厂。20世纪80年代后，长安机器制造厂通过技贸合作，布局汽车生产。1994年，兵器工业总公司批准将江陵机器厂与长安汽车厂合并，成立了长安汽车有限责任公司。

2018年4月，为了更好地保护和传承长安机器制造厂和江陵机器厂这一重要工业遗产，重庆市政府启动了“洋炮局1862”文创园项目。该项目旨在将位于大石坝二村的原江陵机器厂旧址打造成国内知名的兵工主题文创园，兼具旅游和文化创意产业的功能。文创园占地21.5万平方米，总建筑面积为11.8万平方米，项目计划总投资约5亿元。文创园在保留江陵厂原有工业建筑和场景的基础上，进行了合理的现代化改造，并秉持“最小干预”原则，使工业遗产与现代文化创意产业相融合。“洋炮局1862”文创园的设计保留了原工厂的木工车间、发动机车间、防空洞等历史遗迹，并通过展览展示了江陵厂从军工企业转型为汽车制造企业的历程。这种展示不仅反映了江陵机器厂在中国汽车工业发展中的重要作用，也展现了其与长安汽车的深厚渊源。此外，文创园还计划通过多元化的功能板块开发，打造观音桥国际知名商圈，助推区域经济的发展。作为重庆工业遗产保护的典范，“洋炮局1862”文创园通过文化与产业的融合，使得这一历史场所焕发新的生机，并成为重庆市的重要组成部分。

二、军工产业遗产

自抗日战争时期起，重庆市就成了国内重要的军事工业基地。中华人民共和国成立后，重庆继续发挥着其在全国军工体系中的重要作用。如重庆军工产业集团（简称“重庆军工”），是国内大型国有军工企业之一，也是工信部首批三十家国家重点应急企业之一。为有效保护军工产业遗产，2015 年，重庆市人民政府颁布《重庆市抗日战争遗址保护利用办法》，其明确规定了抗日战争期间重要遗址的保护和利用措施。该办法对重庆市的军工产业遗产，尤其是抗战时期建立的工厂和设施，提出了保护范围划定、专项资金支持、保护与利用结合等具体的保护要求和管理规定。随着城市化进程的加快，重庆的军工遗产正面临着迫切的转型需求。通过景观更新设计，能够有效保护和挖掘军工遗产的历史价值，同时赋予其新的功能和活力。这些措施的实施，促进了军事文化的传承，提升了公众对工业遗产的认知与重视，促进了社会对文化保护的共同参与，形成了良好的社会氛围。重庆市部分军工产业遗产的保护与利用情况如表 2-5 所示。

表 2-5 重庆市部分军工产业遗产的保护与利用

名称	地点	创始时间	历史价值	典型遗存	保护与利用
第二十兵工厂	江北区	1938 年	第二十兵工厂在抗日战争期间从南京迁入重庆，成为抗战期间重要的兵工厂，主要生产武器弹药，为前线提供支援	老厂房、弹药生产线、仓库、办公建筑	工业遗址公园
北碚兵工厂	北碚区	1938 年	抗日战争时期内迁的重要兵工厂之一	老厂房、生产线、仓库、实验室	军事博物馆
嘉陵兵工厂	渝北区	1942 年	抗战时期重要的兵工厂之一	兵工厂的老厂房、生产设备、生产线	嘉陵工业博物馆
西南铸造厂	沙坪坝区	1958 年	三线建设时期建立的重要军工企业之一	老厂房、铸造设备、生产线	工业遗址展示区
重庆光电技术研究所	南岸区	1960 年	中国重要的光电技术研究机构	研究所的实验室、生产设备、研发成果展示	光电技术博物馆
重庆化工兵工厂	长寿区	1964 年	三线建设时期建立的重要化工企业	老厂房、化工生产设备、生产线	化工技术展示区
四川汽车制造厂	双桥区	1965 年	我国第一个高起点、专业化的重型越野军用汽车生产基地	厂房、建筑设施、厂区环境	重庆红岩重型汽车博物馆
核工业 816 工程	涪陵区白涛镇	1967 年	世界上最大的人工洞体	洞体结构、核原料生产设备	开放部分区域供公众参观

以 816 工程为例。816 工程全名为“三线建设进洞的核反应堆及化学后处理工程”，是中国重要的核原料工业基地。1967 年 2 月，洞体挖掘工程正式开始，8342 部队的四个团和两个独立营共计两万余人参与建设。施工团队克服了恶劣的自然条件，完成了包括 30 多个主体洞室和 100 余条连接导洞在内的施工工作，

开挖土石方超过 140 万立方米。在整个工程建设过程中，前后共有 6 万多人参与施工。该工程建设中的许多施工技术和先进工艺，不仅刷新了国内建筑施工业内的纪录，也提高了反应堆工程建造的速度和质量，工程的设计和建设荣获 1978 年国家科学大会集体奖。20 世纪 80 年代国际形势发生变化，和平与发展的趋势逐渐占据主导地位。1982 年 6 月，中共中央决定工程缓建，两年之后正式批准工程停建。工程停建之时，洞体工程内核反应堆等主体设施尚未建成投运，核反应堆支架、空间堆芯、监控仪表、中央控制器机组等设备基本保留在施工建设状态。

2002 年 4 月，国防科工委同意对 816 工程进行解密。2009 年 12 月 816 工程被列入重庆市文物保护单位，2010 年首次作为景点向游客部分开放，2017 年 12 月被列入“第二批中国 20 世纪建筑遗产”名单，2018 年 1 月入选“中国工业遗产保护名录”，2019 年 7 月被评定为国家 AAAA 级旅游景区。2024 年 5 月 22 日，“三线建设与中国式现代化——三线建设 60 周年学术研讨会”在涪陵召开。816 工程是我国核工业国防建设的缩影，也是三线建设不可抹去的记忆。816 工程景区为广大游客提供解说服务，以“实地看＋现场听”、讲故事、讲文化等方式，向广大游客更进一步讲述三线建设的历史及核工程建筑设计及技术，推动爱国主义教育、全民国防教育向纵深发展。据统计，近两年景区接待研学团队约 13600 人次，接待党建团队约 35000 万人次。

三、矿业和化工工业遗产

矿业和化工工业遗产见证了重庆市近现代工业的发展历程，蕴藏着丰富的历史文化价值，传承和弘扬了不朽的中国工业精神。据统计，重庆市矿业和化工工业遗产目前记录在册的有 26 个，这些遗产不仅为地方的经济发展和技术创新提供了重要支持，也通过改造成博物馆和展示中心，成为文化传播和旅游发展的重要资源。重庆市通过一系列具体的保护和利用政策，积极推进矿业和化工工业遗产的保护和发展工作。一方面，重庆市人民政府于 2018 年 4 月 29 日印发《重庆市历史遗留和关闭矿山地质环境治理恢复与土地复垦工作方案》，提出在 2030 年前完成总面积为 4900.62 公顷的历史遗留和关闭矿山损毁土地的地质环境治理恢复与土地复垦工作。另一方面，政府制定《重庆市工业遗产保护与利用规划》，鼓励将矿业和化工工业遗产改造成博物馆、展示中心和文化旅游景点等。例如，重钢老厂区改造成重庆工业文化博览园，重庆煤矿机械厂改造成矿业机械博物馆，这些举措能进一步展示我国冶金和矿业设备的发展历史和技术进步。重庆市部分矿业和化工工业遗产保护与利用情况如表 2-6 所示。

表 2-6 重庆市部分矿业和化工工业遗产的保护与利用

名称	地点	创始时间	历史价值	典型遗存	保护与利用
重庆煤矿遗址	九龙坡区	20 世纪初	展示了重庆地区煤矿开采的历史和工人生活状况	开采井、矿井设备、工人宿舍	煤矿博物馆
重庆化工厂	江北区	1953 年	中国西南地区重要的化工企业	老厂房、化工设备、生产线	化工博物馆
重庆矿冶厂	渝中区	1950 年	承担大量冶金和矿产加工任务，为重庆及周边地区提供了大量的金属原材料	冶炼炉、高炉、老厂房、工作场所	工业遗址公园
重庆钢铁公司(重钢)	大渡口区	19 世纪 90 年代末期	西南地区最大的钢铁生产企业	冶炼、轧钢和铸造设备，老厂房	重庆工业文化博览园
重庆煤矿机械厂	九龙坡区	1958 年	重庆重要的机械制造企业	机械设备、老厂房、工作车间	矿业机械博物馆
长寿钢铁厂	长寿区	1958 年	重庆地区重要的冶金企业	冶炼炉、轧钢机、工业建筑	工业旅游景点
重庆长风化工厂	长寿区	1966 年	三线建设时期建立的重要化工企业	老厂房、化工生产设备和生产线	长风三线建设展览馆

以重庆钢铁公司为例。重庆钢铁公司成立于 19 世纪 90 年代末期，其前身是清朝湖广总督张之洞创办成立的汉阳铁厂。抗日战争时期，汉阳铁厂西迁至重庆，后更名为军政部兵工署第二十九兵工厂。1949 年 12 月，中国人民解放军重庆市军事管制委员会接管该厂。20 世纪 50～70 年代，重钢的产品广泛应用于中国的基础设施建设、工业生产和国防工业，成批轧制出重轨，为建成中华人民共和国第一条铁路——成渝铁路作出了重大贡献。在“一五”计划期间，重庆钢铁公司提前 11 个月完成第一个五年计划的各项技术经济指标，工业总产值以平均每年递增 17.9％的优异成绩置于全国重点钢铁企业的前列。至 20 世纪 80 年代中期，重钢通过改建、扩建和技术改造，生产规模不断扩大。全公司占地面积 824 万平方米，建筑总面积 247 万平方米。形成固定资产原值 78170 万元，固定资产净值 49931 万元。职工总数 49402 人。1985 年，生产生铁 66.05 万吨、钢 73.6 万吨、钢材 64.5 万吨，上缴利税 14502 万元，工业总产值达 55437 万元。1950 至 1985 年间，为国家提供生铁 745 万吨、钢 1125 万吨、钢材 1273 万吨。重钢钢材品种比较齐全，有重轨、轻轨、大中小型钢材、中厚钢板、冷热轧薄板、冷热轧硅钢片、冷拔无缝钢管以及垫板等。除普通碳素钢外，还生产碳素结构钢、合金结构钢、低合金钢、碳素工具钢以及锅炉、容器、造船、汽车、国防农机等用钢。重钢的产品质量优良，声誉卓著，行销全国 29 个省、市、自治区和 25

个国务院机构组成部门以及其他重点工程项目，为支援农业、矿山、地质、交通运输、机械制造、能源开发、军工国防、建筑材料和城市建设作出了重要贡献。

进入 21 世纪，随着全球化进程的推进和中国经济结构的调整，传统钢铁生产方式逐渐不再适应市场需求。设备老化、生产效率低等问题日益突出，钢铁行业的国际竞争加剧，重钢陷入了生产成本高、市场占有率下降的困境，生产线逐步收缩、工厂逐步闲置。重庆市政府意识到其厂区不仅是工业化进程的见证，更是中国现代工业历史的重要遗产，因此将重钢老厂区列入了工业遗产保护名录，将其旧址改造为重庆工业文化博览园。在改建过程中，政府有计划地对重钢的厂房、生产设备和工人生活区进行了修复和保护，重钢的核心设施如高炉、轧钢车间等具有代表性的建筑和设备，得到了重点保护并被修缮为博览园中的重要展品。博览园通过对中国工业化历史和钢铁生产设备进行展示，不仅让公众了解了过去的钢铁生产工艺，向他们展示了钢铁产业的技术革新，同时还让他们了解了重钢的发展历程，向其展示了中国钢铁工业的高速发展。

四、交通运输工业遗产

重庆市是中国西南地区的重要交通枢纽，川黔线更是连通西南地区的重要一环。川黔线北起重庆，南至贵阳。北端在重庆枢纽站与成渝、襄渝铁路相连，南端在贵阳枢纽站与贵昆、湘黔、黔桂铁路相通。就交通运输遗产的保护利用工作而言，一方面，重庆市政府鼓励将交通运输遗产改造成博物馆和文化旅游景点。例如，菜园坝火车站被改造成铁路文化展示区，朝天门码头被改造成历史文化景区。另一方面，许多交通运输遗产被改造成教育基地，通过举办展览和教育活动，增强公众对交通运输历史的了解。重庆市部分交通运输工业遗产的保护与利用情况如表 2-7 所示。

表 2-7　重庆市部分交通运输工业遗产的保护与利用

名称	地点	创始时间	历史价值	典型遗存	保护与利用
重庆轮船公司	渝中区	1955 年	长江航运的重要枢纽	旧码头、仓库、船舶设施、办公建筑	航运博物馆
朝天门码头	渝中区	1917 年	长江航运的核心枢纽	老码头建筑、仓库、船坞设施	朝天门历史文化景区
重庆机场（旧机场）	江北区	1938 年	抗战时期重要的军事和民用机场	旧机场跑道、机库、航站楼	航空博物馆
重庆电车公司	渝中区	1939 年	重庆最早的城市公共交通企业之一	旧电车线路、车库、电车车站	电车历史博物馆

续表

名称	地点	创始时间	历史价值	典型遗存	保护与利用
重庆铁路局	渝中区	1941 年	抗战时期建立的重要的铁路管理机构	旧火车站、机车车辆厂、铁路桥梁、轨道设施	铁路博物馆
菜园坝火车站	渝中区	1952 年	新中国成立初期重要的铁路枢纽站	老火车站建筑、铁路线、车站设施	铁路文化展示区
沙坪坝火车站	沙坪坝区	1952 年	重庆市重要的铁路运输枢纽之一	老火车站建筑、铁路线、车站设施	沙坪坝火车站历史文化展示区
重庆北站（旧站房）	渝北区	1988 年	现代化铁路运输的代表之一，见证了重庆在改革开放后铁路运输的快速发展	旧站房建筑、铁路线、车站设施	铁路文化博物馆
海孔洞飞机制造基地	万盛经开区	1935 年	中国第一架中型运输机诞生地	生产车间、天然溶洞	军工博物馆

以重庆轮船公司为例。重庆轮船公司作为长江航运的重要载体，其历史可以追溯至清朝末期。公司起初作为官督商办的长江航运企业之一，推动了西南地区经济与交通的发展。1950～1952 年间，长航重庆分局正式成立，标志着长江航运的进一步规范化。此时，长江航运的管理制度逐步确立，并在长江水运的改善与航政管理的实施中取得了显著成果。1955 年，国营四川省重庆轮船公司成立，成为长江干线及支流货物运输的核心力量。最初，该公司面临着设备陈旧、资源短缺等挑战，然而通过地方与中央政府的协作，逐步克服了初期发展中的问题，奠定了其在西南地区航运业的重要地位。1989 年，公司更名为四川省重庆轮船总公司。1991 年，按照市政府决定，公司兼并了重庆市水上运输总公司。1997 年 4 月重庆直辖后，公司更名为重庆轮船总公司，航运业务持续扩展，服务范围逐步延伸至长江下游的重要港口城市。进入 21 世纪，重庆轮船公司在长江航运中的地位愈加重要。2001 年，公司开辟了重庆至宜昌的载货汽车滚装运输业务，并于 2003 年开通了重庆至上海的集装箱班轮运输服务。随着业务的扩展，公司逐步成为长江航运现代化的重要力量之一。

为了保存和展示重庆航运的历史，2004 年 12 月，重庆轮船总公司由重庆市交通委员会管理转为隶属于重庆交通运输控股（集团）有限公司。重庆市还通过竞争性磋商采购的方式，推动长江航道绞滩船及历史资料申报为重庆市工业遗产项目。2022 年 1 月，重庆市政府启动了重庆航运博物馆建设项目。该博物馆旨在留存民生公司及川江航运的历史，并展现重庆在中国内河航运中的重要地位。博物馆项目总投资约为 1 亿元，由重庆市政府全额支持。博物馆的设计和建设结合了历史文化与现代科技手段，意在通过互动展示等形式传承重庆的航运文化遗产。2022 年 12 月，中国船政文化城核心区——船厂片区，包括轮机厂、绘事院等重要工业建筑，在全面完成改造后，成为助推船政“申遗”的重要组成部分。此外，2023年启动的船政文化城核心区建设项目，致力于通过保留轮机厂、绘事院等历史建筑，展示重庆航运历史的演进过程。这些工业遗产的保护不仅保留了其历史价值，同时也为推动重庆船政文化“申遗”提供了坚实基础。船政文化城与重庆航运博物馆相辅相成，通过展示重庆两江航运发展史，彰显了重庆作为“内陆开放高地”的战略地位，并通过现代化的博物馆形式向外界展示山清水秀的自然景观与重庆航运的辉煌成就。交通运输工业遗产不仅见证了重庆在不同历史时期的交通发展历程，还展示了其从早期的手工操作到现代化机械化的技术进步。

五、电力和能源工业遗产

电力和能源业是重庆市经济发展的基础和动力来源，对城市的工业、商业和居民生活产生了深远的影响。三线建设期间，中国建立了贯穿重庆、泸州、自贡、成都等西南地区主要城市的南半环供气系统和遂宁等县市的就地供应系统。目前，部分电力和能源工业遗产仍在发挥作用。重庆市部分电力和能源工业遗产的保护与利用情况如表2-8所示。

表2-8 重庆市部分电力和能源工业遗产的保护与利用

名称	地点	创始时间	历史价值	典型遗存	保护与利用
朝天门电厂	渝中区朝天门	1930年	重庆市最早的电力设施之一	老厂房、发电机组和配电设施	朝天门历史文化展示区
重庆电力公司（老厂区）	渝中区	1940年	重庆地区最早的电力供应企业之一	老厂房、发电设备和控制设施	电力历史展示区
重庆天然气公司（老厂区）	渝中区	1950年	中国最早的天然气开采和供应企业之一	老厂房、天然气开采设备和输送管道	天然气博物馆
铜梁水电站	铜梁区	1956年	重庆地区重要的水电工程之一	发电机组、水轮机和坝体建筑	水电展示区
狮子滩水电站	江北区	1958年	中国第一个自主设计施工的全流域梯级开发工程	发电机组、水轮机、坝体建筑和控制室	保留原有建筑和设备
大渡口热电厂	大渡口区	1960年	重庆市重要的热电联产企业之一	发电机组、锅炉房和供热设施	热电厂历史展示区
珞璜火电厂	江津区珞璜镇	1970年	重庆重要的火力发电厂	发电机组、锅炉房、冷却塔和控制室	电力博物馆
重庆大溪沟发电厂	渝中区	1938年	重庆电力工业的起点	专家招待所旧址	改建成220千伏大溪沟变电站

续表

名称	地点	创始时间	历史价值	典型遗存	保护与利用
打枪坝水厂	江北区	1930 年	中国西部第一座自来水厂	厂区建筑、供水设备	保留原有建筑和设施
天生桥水电站	南岸区南滨路	1958 年	中国早期水电站之一	发电机组、水轮机和电站建筑	保留原有建筑和设备

以重庆大溪沟发电厂为例。大溪沟发电厂于 1932 年发起建设，电厂装机容量为三台 1000 千瓦的汽轮发电机组，于 1934 年 7 月投入使用。到 1938 年，随着城市电力需求的增加，电厂进行了扩建，新增了两台 4500 千瓦的机组，使得总装机容量达到 1.2 万千瓦，成为当时全国一等电力企业和四川省最大的火力发电厂。在抗战期间，为了躲避日本空军的轰炸，重庆电力股份有限公司于 1939 年 1 月将大溪沟发电厂的两台 1000 千瓦的机组迁移到南岸弹子石，并设立了南岸应急电厂，后称重庆电力股份有限公司第二厂。1946 年初，重庆电力和兵工厂职工在中共川东特委的领导下组织了护厂队，保护了大溪沟电厂等电力设施，并提出了“人在厂在，人亡厂亡”的口号。他们修筑工事、架设电网、轮流巡逻，集中全部枪支准备与敌人作斗争。中华人民共和国成立后，大溪沟发电厂继续坚持生产发电，但由于设备陈旧老化，于 1982～1989 年报停报废。随着城市建设步伐加快，电厂旧址已不复存在，只保留了专家招待所旧址这几栋建筑。

1999 年，220 千伏大溪沟变电站在被誉为“重庆电力工业明信片”的大溪沟电厂原址建成投运。大溪沟变电站是重庆市首座采用全密封 GIS 组合电器、渝中区首座投运的 220 千伏户内无人值守变电站，也是渝中半岛的重要枢纽变电站。目前，该站承担着渝中半岛、解放碑商圈、朝天门中央核心商务区的供电任务，为渝中半岛母城提供了可靠的电源支撑。

六、轻工业遗产

近代以来，重庆的轻工业发展也非常迅猛，形成了包括造纸、棉纺、印染、啤酒、食品等多个行业，涵盖了吃、穿、住、行各个方面，既是国民经济的重要支柱产业，也是直接关系民生的关键产业。抗日战争时期，中国四大纱厂迁至重庆，这些工厂不仅在战时发挥了至关重要的作用，还为重庆纺织业的长期发展奠定了坚实基础。中华人民共和国成立后，重庆在成为西南地区重工业基地的同时其轻工业也取得长足的发展。改革开放以来，部分轻工业企业或是转型，或是消失，但也留下了宝贵的轻工业文化遗产。重庆市部分轻工业遗产的保护与利用情况如表 2-9 所示。

表 2-9　重庆市部分轻工业遗产的保护与利用

名称	地点	创始时间	历史价值	典型遗存	保护与利用
重庆棉纺一厂	沙坪坝区	1951 年	中国西南地区最早的纺织企业之一	老厂房、纺织机、织布机	纺织博物馆
重庆印染厂	渝中区	1937 年	抗日战争时期内迁的重要轻工业企业	老厂房、印染设备、染料仓库	印染博物馆
重庆食品厂	江北区	1953 年	中国西南地区重要的食品加工企业	老厂房、食品加工设备和生产线	食品博物馆
重庆缝纫机厂	江北区	1954 年	中华人民共和国成立后建设的重要轻工业企业	老厂房、缝纫机生产线、各类缝纫机样品	缝纫机博物馆
重庆陶瓷厂	沙坪坝区	1956 年	中国西南地区重要的陶瓷生产企业	老厂房、陶瓷生产设备、陶瓷样品展示	陶瓷博物馆
重庆轻工业机械厂	南岸区	1958 年	中国重要的轻工机械制造企业	老厂房、机械生产线、各类轻工机械设备	轻工机械博物馆
重庆啤酒厂	南岸区	1912 年	中国第一家现代意义上的啤酒厂	老厂房、酿造设备和酒窖	啤酒博物馆
重庆造纸厂	江北区	1906 年于上海建厂	是中国近代造纸工业的鼻祖	旧厂址、办公楼	保留原有建筑和设施并异地复建

以重庆造纸厂为例。重庆造纸厂，前身为 1905 年始建于上海的私营龙章造纸公司，抗日战争全面爆发后内迁重庆。后因无流动资金而被迫售与国民党政府财政部，改称中央造纸厂。1948 年，国民党政府财政部又将该厂转售予国民党政府中央银行，更名为中央印刷公司重庆造纸厂。中华人民共和国成立后，中央人民政府接管，命名为重庆造纸厂，属西南造纸公司管理。1951 年初，改属西南工业部轻工业局管理，更名为国营 601 造纸厂，其后隶属经过多次调整。1980 年 10 月，重庆铁铸管厂并入该厂。20 世纪 80 年代中期，该厂是重庆市最大的造纸厂，拥有长网、圆网、制浆、动力、碱回收等 10 个车间，生产、计划、财务、供运、劳工等 29 个科室，附属职工医院 1 个，技校、中小学及电视大学各 1 所，厂办大集体（嘉陵纸厂）1 个，职工 3470 人（其中大集体职工 660 人），固定资产 2824 万元。重庆造纸厂被中华人民共和国轻工业部定点为生产高级文化用纸、出口纸及军用纸的骨干企业，其胶版纸、书写纸、打字纸、铜版纸、复印机纸等主要产品先后十八次获市级以上优质奖和新产品奖，其中狮球牌出口胶版印刷纸、狮球牌出口书写纸畅销东南亚地区，以及科威特、巴西等 10 多个国家。1980 年，机制纸总产量 16885 吨，总产值 2804 万元。其出口的胶版纸获得国家

银质奖后来改名为重庆龙章纸业股份有限公司，迁往铜梁西泉镇。

重庆造纸厂见证了近代以来中国造纸行业的发展和演变。2011 年，重庆造纸厂被重庆市江北区人民政府公布为江北区文物保护单位。2012 年，重庆造纸厂的建筑在建新西路文物复建园区内异地复建。在复建过程中，建筑的原貌和历史风貌得到了严格的保护，保留了厂房的历史特征和结构特点。据统计，自重庆造纸厂复建开放以来，每年有超过 5 万名游客前来参观，直接带动了周边经济的发展。游客不仅参观了历史展览，还参与了各种与造纸工艺相关的文化体验活动，提升了重庆作为历史文化名城的形象。

第三节
重庆的三线建设

一、重庆三线建设的背景

所谓“三线”，是指从国防角度划分的三个区域：一线为沿边沿海的前线区域；二线包括位于一线与京广铁路之间的安徽、江西、河北、河南、湖北、湖南东部；三线包括长城以南、广东韶关以北、京广铁路以西、甘肃乌鞘岭以东的广大区域，涵盖四川、重庆、贵州、云南、陕西、甘肃、宁夏、青海等省市，以及山西、河北、河南、湖南、湖北、广西、广东部分地区。西南的四川、贵州、云南和西北的陕西、甘肃、宁夏、青海被称为“大三线”，而一、二线地区的腹地则被称为“小三线”。三线建设是中华人民共和国在特定历史时期实施的一项重大战略决策，其历史背景复杂多样，涉及国际政治格局的剧烈变动、国内经济发展的迫切需求、军事安全的严峻考量，以及国家发展战略的重大调整。一方面，从国际政治格局的剧烈变动来看，20 世纪 60 年代，国际形势发生了深刻变化。美国在中国东南沿海地区频繁进行军事挑衅和侵略活动，对中国国家安全构成了严重威胁。同时，中苏关系紧张对立，苏联在政治、经济、军事等方面对中国实施全面封锁和打压。面对这一严峻的国际环境，中国不得不采取更加积极的国防建设措施，应对潜在的战争威胁。另一方面，中华人民共和国成立后，尽管经济建设取得了显著成就，但东西部经济发展不平衡的问题依然突出。将部分工业力量转移至中西部地区，可以有效推动中西部地区发展。

1964 年，毛泽东和周恩来等中央领导人在讨论国家安全和经济发展战略时，提出三线建设的构想，核心在于将重要的工业和军事设施迁至西南、西北及中部内陆地区，构建以战备为主的“后方基地”，在考虑三线建设布局时主要从战争，尤其是核战争的角度出发。1964 年 4 月，军委原总参谋部向中央提交报告，指出现有的经济布局不适应未来战争的需求。毛泽东主席对此报告高度重视，并进一步强化了西部发展的战略思路，提出了工业布局全面铺开的新思路，即沿海地区的一线、中部的二线、西部及西北部的三线并存，且三线建设成为重点。1964 年 8 月 17 日和 20 日的中央书记处会议上，毛泽东主席进一步强调，各省需建立自己的战略后方，以应对可能的侵略战争。会议决定集中全国资源，推动三线建设，将一线地区能搬迁的项目转移至内陆地区。这一战略决策标志着国家战略方向的重大转变，也促使经济建设的重点从东部沿海逐步转移至西南、西北等经济基础薄弱的地区，最终开启了大规模的三线建设。三线建设的根本目标可以简要概括为“备战备荒为人民”。这一建设决策不仅是应对国际紧张局势的防御性措施，更是中共中央为实现国家长远安全与发展，经过深思熟虑后做出的历史性选择。

三线建设取得了重大成就。第一，在一定程度上改变了我国工业布局不合理的状况，在中西部地区形成了能源、交通、原材料、科研相结合的后方工业基地。基础工业方面：建成了一大批机械工业、能源工业、原材料工业重点企业和基地。其中，机械工业大中项目共 124 个，初步形成了重庆、成都、贵阳、汉中、西宁等新的机械工业基地，1979 年机械产品生产能力已相当于 1965 年的全国水平。能源工业主要有贵州六枝、盘州市、水城地区和陕西渭北地区的煤炭基地，湖北葛洲坝水电站，甘肃刘家峡、八盘峡水电站，贵州乌江渡水电站，陕西秦岭火电站等。到 1978 年，中西部工业固定资产值已占全国 56%，超过了东部沿海地区，职工人数由 325.65 万增加到 1129.5 万，工业总产值增长 3.92 倍。第二，比较成功地建立起一个完整的战略后方，大大增强了我国的国防实力。国防科技工业方面：建立了较雄厚的生产基地和一大批尖端科研试验基地，包括以重庆为中心的常规兵器工业基地，分布在四川、贵州、陕西的电子工业基地，四川、陕西等地的战略武器科研生产基地，贵州、陕西、四川、鄂西北等地的航空工业基地，四川等地的航天工业基地，沿长江中上游地区的船舶工业科研基地等。到 1975 年，三线地区国防工业的固定资产原值和净值、主要产品生产能力、技术力量、设备水平都已超过一、二线地区，改变了国防工业的布局状况。第三，三线建设还推动了中西部地区经济、社会、科技、文化发展进步，促进了偏远山区和少数民族地区文化繁荣。通过新建和扩建，攀枝花、绵阳、六盘水、十堰等 60 多个新型工业科技城市拔地而起，闻名全国。成昆、湘黔等铁路和沿线工业群使过去不通公路不通电的凉山、乌蒙山、川陇少数民族落后山区有了“飞跃五十年”的进步，也为改革开放后优先发展东部地区战略规划解除了后顾之忧。三线建设的成功实施，极大程度推动了中国内陆地区的经济发展，为中国国防建设提供了重要保障，同时也深刻改变了中国工业的地理布局，促成了全国经济的均衡发展。

二、重庆三线建设及“三线”企业

在整个三线建设期间，中央对重庆市的投资超过了50亿元人民币（当时币值），这些资金主要用于建设新企业、改造旧企业，以及完善交通、电力、水利等基础设施。三线建设期间，重庆市共建设和迁入了150多家大中型工业企业，机械制造业和钢铁工业等一些行业的企业迁入主城区，如重庆钢铁公司、长江机床厂等，而涪陵、长寿、万州等地主要承载了化工、军工和铝加工等行业的企业，如核工业816工程、西南铝业公司等。通过三线建设，重庆建立了门类较为齐备的以常规兵器制造为主，电子、造船、航天、核工业等相结合的国防工业生产体系。同时，对于三线建设的投资不仅仅体现在工业企业的建设和扩展上，还包括配套基础设施的建设，例如成渝铁路的扩建、嘉陵江大桥的修建，以及多个水电站的建设等，这些建设工作皆为重庆市的工业发展提供了必要的支持。

党和国家领导人高度重视重庆三线建设。毛泽东、周恩来亲自规划部署将全国三线建设的重点放在西南，西南三线建设的重点放在重庆。重庆常规兵器工业基地与攀枝花钢铁基地、成昆铁路形成“两基一线”，是全国三线建设的重中之重。1965年11月，邓小平带领十几位省部级干部来到重庆，听取了西南三线建设的选址、建设汇报，亲临视察重庆钢铁公司和核工业、兵器工业基地等多个企业，确定了以重庆为中心的西南三线建设总体规划。

重庆地方政府（1954年6月重庆市改为省辖市，7月1日并入四川省建制，当时为计划单列市）为三线建设的顺利推进采取了多项措施。1964年10月，重庆地区三线建设规划小组出台《重庆地区三线建设规划》，该政策规定土地、电力和人力等资源必须优先分配给三线建设项目，并成立专门协调机构，统筹资源的分配和使用。在土地资源方面，优先划拨土地用于重工业、军工业项目的建设；在电力供应方面，优先保障三线企业的用电需求，特别是钢铁、化工、机械制造等高耗能行业；在人力资源方面，调动全市的技术人员、工人参与到重点项目的建设中。此外，重庆市政府积极响应“好人好马上三线，备战备荒为人民”的口号，要求全市各级政府和群众广泛参与到三线建设中，通过宣传和组织动员，将三线建设纳入全市上下的共同任务，并成立了各级三线建设指挥部，协调和组织施工、技术援助等具体工作。为提升重庆市的工业技术水平，1967年，重庆制定《重庆市三线建设技术引进与创新专项计划》，以鼓励企业引进国外先进设备和技术，并设立专项资金支持技术创新，如重庆钢铁公司和长江机床厂引进了苏联、德国的先进冶金和机床制造技术。与此同时，政府鼓励企业在引进技术的基础上，结合本地实际进行技术创新，提高生产效率和产品质量。

从表 2-10 中可以看出，重庆市的 75 家三线建设企业主要分布在机械制造、化工、轻工业、基础材料工业（如钢铁、铝业等）以及电子和航空航天等多个行业。这些企业大多成立于 1965～1969 年期间，这一时期正值中国三线建设战略的关键阶段。企业的选址和建设旨在满足国家工业化需求与国防安全的双重目标。

表 2-10　重庆三线建设企业名单

序号	名称	行业	建厂时间	区域
1	长安机器厂	机器制造与兵器制造	1862 年，前身为“江南制造局”，1957 年迁至重庆，并更名为“长安机器厂”	江北区
2	建设机床厂	机器制造与兵器制造	1890 年创建，1939 年迁渝	九龙坡区
3	江陵机器厂	机器制造与兵器制造	1936 年	江北区
4	望江机器厂	机器制造与兵器制造	1938 年	渝中区
5	重庆大溪沟发电厂	基础设施生产及供应业	1938 年	渝中区
6	重庆钢铁厂	冶金及加工	1938 年	大渡口区
7	嘉陵机器厂	机器制造与兵器制造	1950 年	渝北区
8	长寿化工厂	化工行业	1958 年	长寿区
9	重庆矿山机械厂	机械制造	1958 年	九龙坡区
10	双溪机械厂	机器制造与兵器制造	1965 年	万盛区
11	文长风化工厂	化工行业	1965 年	九龙坡区
12	四川庆岩机械厂	机器制造与兵器制造	1965 年	綦江区
13	重庆庆江机器厂	机器制造与兵器制造	1965 年	江北区
14	西南制药二厂	制药业	1965 年	南岸区
15	重庆磷肥厂	化工行业	1965 年	江津区
16	重庆卫生敷料厂	医疗器械和卫生用品制造业	1965 年	南岸区
17	重庆红宇机械厂	机械制造	1965 年	江北区
18	重庆无线电厂	基础设施生产及供应业	1965 年	沙坪坝区
19	重庆微电机厂	基础设施生产及供应业	1965 年	九龙坡区
20	重庆大江车辆总厂	机械制造	1965 年	巴南区
21	重庆青江机械厂	机器制造与兵器制造	1965 年	沙坪坝区
22	重庆巴山仪器厂	机械制造（自动化仪表）	1965 年	南岸区
23	重庆华江机械厂	机器制造与兵器制造	1965 年	江北区

续表

序号	名称	行业	建厂时间	区域
24	四川仪表总厂	机械制造(自动化仪表)	1965 年	宜宾市
25	重庆钢管厂	钢铁制造业	1965 年	九龙坡区
26	四川汽车制造厂	汽车制造业	1965 年	绵阳市
27	涪陵快艇厂	船舶制造业	1965 年	涪陵区
28	西南铝加工厂	冶金及加工	1965 年	九龙坡区
29	重庆铝厂	冶金及加工	1965 年	巴南区
30	重庆前卫仪表厂	机械制造(自动化仪表)	1965 年	北碚区
31	重庆起重机厂	机器制造及兵器制造	1965 年	九龙坡区
32	重庆染料厂	化工行业	1965 年	江北区
33	长江橡胶厂	橡胶制品制造业	1965 年	大渡口区
34	重庆塑料研究所	科研机构	1965 年	沙坪坝区
35	重庆化工设计院	工程设计与咨询机构	1965 年	渝中区
36	江津磷肥厂	化工行业	1965 年	江津区
37	四川染料厂	化工行业	1965 年	长寿区
38	重庆化学试剂厂	化工行业	1965 年	九龙坡区
39	重庆轮胎厂	橡胶制品制造业	1965 年	九龙坡区
40	重庆农药厂	化工行业	1965 年	江津区
41	中南橡胶厂	橡胶制品制造业	1965 年	渝中区
42	和平化工厂	化工行业	1965 年	巴南区
43	永川化工厂	化工行业	1965 年	永川区
44	浦陵机器厂	机械制造	1965 年	合川区
45	平山机械厂	机器制造与兵器制造	1966 年	南川区
46	重庆氨肥厂	化工行业	1966 年	江津区
47	重庆特钢厂	机械制造	1966 年	渝中区
48	重庆红山铸造厂	机械制造	1966 年	沙坪坝区
49	重庆衡山机械厂	机械制造	1966 年	大渡口区
50	重庆三江钢厂	钢铁工业	1966 年	江北区
51	重庆铸钢厂	钢铁工业	1966 年	大渡口区
52	四川红泉仪表厂	机械制造(自动化仪表)	1966 年	南川区
53	重庆东风造船厂	船舶制造业	1966 年	涪陵区
54	重庆实验设备厂	机械制造(自动化仪表)	1966 年	南岸区
55	重庆渝州齿轮厂	机械制造	1966 年	九龙坡区
56	重庆益民机械厂	机械制造	1966 年	沙坪坝区

续表

序号	名称	行业	建厂时间	区域
57	重庆空气压缩机厂	机器制造及兵器制造	1966 年	沙坪坝区
58	重庆长江电工厂	基础设施生产及供应业	1966 年	沙坪坝区
59	重庆油化工厂	化工行业	1966 年	渝北区
60	重庆合成制药厂	制药业	1966 年	江北区
61	重庆塑料厂	塑料制品制造业	1966 年	九龙坡区
62	重庆红旗化工机械厂	化工机械制造业	1966 年	渝中区
63	重庆东方红试剂厂	化工行业	1966 年	九龙坡区
64	重庆川庆化工	化工行业	1966 年	渝北区
65	重庆珞璜厂	化工行业	1966 年	江津区
66	重庆化工厂	化工行业	1966 年	大渡口区
67	长江化工厂	化工行业	1966 年	渝中区
68	重庆东风化工厂	化工行业	1966 年	江北区
69	重庆 816 核工厂	核工业	1967 年	涪陵区
70	重庆天源化工厂	化工行业	1967 年	渝中区
71	重庆晋林机械厂	机械制造	1967 年	巴南区
72	川东造船厂	机器制造与兵器制造	1967 年	涪陵区
73	重庆测试仪器厂	机械制造(自动化仪表)	1967 年	南岸区
74	重庆虎溪电机厂	机器制造及兵器制造	1969 年	沙坪坝区
75	四川维尼纶厂	轻工业	1970 年	长寿区

从企业所从事行业的角度分析，表 2-10 所示三线建设企业中大多数企业从事机械制造业，可见机械制造业在三线建设中占据了重要地位。这些企业大多数是国家重点军工企业，主要负责生产核燃料、载重汽车、船舶、电器、机床、坦克、高炮和航空设备等武器装备产品。如长安机器厂（现长安汽车），其前身是 1862 年建立的上海洋炮局，作为中国最早的军工企业之一，后来发展为中国重要的汽车生产基地。化工行业在三线建设中同样占据重要地位，重庆地区成立了如重庆氯碱厂、重庆磷肥厂、重庆氨肥厂等一系列化工企业。这些企业不仅为国防工业提供了关键化工原料，还支持了地方工业的化工需求。如成立于 1965 年的重庆氯碱厂，是中国化工行业的重要企业之一，主要生产基础化学品，如烧碱和聚氯乙烯，这些产品广泛应用于国防、工业和农业。基础材料工业也是三线建设的核心部分，包括钢铁业、铝业和建材行业，重庆钢铁厂和重庆铝厂等企业是基础材料工业的典型代表。以重庆钢铁厂（重钢）为例，它是西南地区最大的钢铁生产企业，其产品广泛应用于国家重点工程。在电子和航空航天领域，重庆也

建立了一批重要企业，如重庆无线电厂和重庆航空工业集团。其他诸如重庆纺织厂、重庆缝纫机厂等企业，主要承担解决国民经济中消费品需求和军需品供应的任务，为重庆经济的多元化发展提供了支持。从地域分布的角度来看，这些企业分布在重庆的多个区县，主要集中在以下几个区域。第一，渝北区。作为重庆的工业重镇，集中了大量的机械制造企业和化工企业，如长安机器厂、望江机器厂和嘉陵机器厂。第二，沙坪坝区。以机械制造企业、电子企业和化工企业为主。第三，江北区和九龙坡区。集中了不少机械制造企业和化工企业，特别是一些大型国有企业和军工企业。第四，长寿区。以化工企业为主。

三线建设时期建立的企业极大地推动了重庆地区的经济发展和城市建设。这些企业多集中在机械制造行业和化工行业，反映了当时国家在工业布局和国防战略上的重点方向。企业的地域分布以渝北区、沙坪坝区和江北区为主，形成了重庆市的工业经济版图。这些企业中，如今不少已发展成为中国乃至全球知名的工业品牌，为重庆和国家的现代化建设做出了不可磨灭的贡献。

三、重庆三线建设的历史贡献

三线建设是中华人民共和国历史上最重要的战略部署之一，通过将生产力布局向西部地区转移，对国民经济结构和布局产生了深远影响，为国家的长远发展和社会主义建设奠定了坚实基础。从 1964 年到 1980 年，国家给三线地区累计投资 2052 亿元，比中华人民共和国成立后 15 年内的国家投资总和还多 2 倍。其中，能源行业、交通行业占 45%，原材料工业占 32%，国防科技工业占 12%，其他加工工业占 11%。三线地区的工业固定资产由 292 亿元增加到 1543 亿元，增长 4.28 倍。职工人数由 325.65 万增加到 1129.5 万，其中工程技术人员由 14.21 万增加到 33.95 万，分别增长 2.47 倍和 1.39 倍。工业总产值由 258 亿元增加到 1270 亿元，增长近 4 倍。三线建设的主要贡献在于建立了稳固的国防战略后方，极大地推动了国防工业的发展。基于这一战略部署，中国在东西方划分前后方的国防策略中，西部地区成了保卫国家安全的重要防线，并且成功推动了东部经济的发展。三线建设还优化了工业生产力布局，缓解了东西部经济发展不平衡的问题，通过将一批工业产业向中西部地区进行战略性转移，形成了一批新兴工业基地和新型工业城市，显著提升了中西部地区的经济发展水平。此外，大规模的资金投入和科技人员的调动，也为西部地区带来了跨越式进步，一些新兴工业中心如攀枝花、六盘水等城市迅速崛起。尽管三线建设取得了巨大成就，但也存在一些决策上的失误，如过度强调战备需求，忽视了现代化和长期生产的需求，导致了资源浪费和经济效益低下。然而，这些问题并未掩盖三线建设的历史性意义，其遗留下来的物质和精神财富成为今天国家发展的重要基石。三线精神，作为三线建设的重要遗产，体现了艰苦创业、勇于创新、团结协作和无私奉献的精神，成为中华民族精神的重要组成部分。传承和弘扬三线精神，将为习近平新时代中国特色社会主义事业提供内在动力，助力实现更大的辉煌成就。

重庆建立了门类齐全的国防工业生产体系，涵盖了常规兵器制造、电子、造船、航天和核工业等多个领域。从1965年到1978年，国家向重庆市建设项目投资多达50.5亿元，为三线建设前14年国家累计投资总额22.73亿元的2.22倍。在三线建设时期中，以重庆为中心的常规兵器工业生产基地建于市境内，修通了川黔、襄渝两条铁路干线，使重庆成为成渝、川黔、襄渝三条铁路的枢纽。还重点建设了西南铝加工厂、四川汽车制造厂、四川仪表总厂、四川维尼纶厂和船舶工业四二九厂，大力发展了川东天然气采掘工业，修建了嘉陵江大桥等。三线建设为重庆及其周边地区带来了重要的发展机遇，促进了现代工业体系和卫星城镇的形成。这一工业体系的建立不仅显著提升了重庆的工业水平，还为国家的国防安全提供了重要保障。在三线建设的推动下，重庆的城市化进程显著加速，城市空间布局也得到了优化和扩展。同时，三线建设加速了西南地区的工业化进程，成为促进区域协调发展的重要力量，通过对重庆等地的建设，国家实现了工业布局的优化和调整，从而推动了区域经济的均衡发展。三线建设不仅在物质层面对重庆产生了深远影响，还在精神文化层面留下了宝贵的精神财富。三线建设期间的诸多重要工程，如816核工程，如今已成为重要的旅游景点，吸引了大量国内外游客，为重庆的旅游业发展注入了新的活力。

第三章

重庆三线工业遗产活化利用现状

第一节
重庆三线工业遗产的现状评估与问题剖析

1964年，中共中央工作会议提出："以重庆地区为中心，用三年或稍长一些时间建立起一个能生产常规武器，并且有相应的原材料和必要的机械制造工业的工业基地。以重庆为中心逐步建立起西南的机床、汽车、仪表和直接为国防服务的动力机械工业。"同年9月，重庆成立"重庆地区三线建设规划小组"，编制出《重庆地区三线建设规划》，对重庆地区工业布局进行重新规划，提出"以重庆为中心迁建、新建的项目有212个"。1965年，根据重庆周围地区地理环境、资源条件和各项工业生产特点分市区范围内和市区范围外对初期地区的三线建设进行规划，市区内在原有工业厂区基础上改扩建，周围地区按五个区域进行布局划分。在建设中，一方面对重庆原有兵工厂改建，扩大原有企业规模，改扩建长安机器厂、望江机器厂、江陵机器厂、建设机床厂、空气压缩机厂、长江电工厂和嘉陵机器厂；另一方面采用"搬、分、包"等办法，将沿海的国防工业企业迁建到重庆，新建红山、庆岩、红泉、晋江、青江、华川、红宇、青山、华川、华江、长风、益民、虎溪、庆江、渝州齿轮等机械厂和研究所。20世纪80年代初，先后在綦江、南桐矿区，巴县，江津，永川，荣昌，大足，璧山，铜梁、北碚、长寿、合川的山区及丘陵地区，新建、迁建兵器、船舶、航天电子、核工业等30多家兵工厂和科研单位和80多个与之配套的机械、仪器仪表、冶金、橡胶、化工等一批大中型骨干企业，共计118个（不含万县地区、涪陵），重点项目投资42亿元。其中：江北区9个，沙坪坝区15个，九龙坡区8个，南岸区3个，北碚区25个，南桐矿区5个，大渡口区2个，双桥区2个，巴县9个，綦江县8个，长寿区5个，江北县6个，江津县8个，永川县7个，合川区2个，荣昌区2个，璧山区1个，铜梁区1个。20世纪80年代，国际形势趋于缓和，国内改革开放初步兴起，和平与发展成为新的时代旋律。1983年3月，出于对国际形势和经济建设的考虑，重庆开始了三线建设调整工作，成立了"重庆市三线建设调整改革规划办公室"，对原三线单位进行调整改造，采用"关、停、并、转、迁"等措施重点针对未建成、建成但无发展前途、选址布局不合理、有隐患险情的单位进行转型调整。三线建设是一项影响一代人、一个地区的重大工程，它的发生与历史发展相关联，其影响在当今仍未消退，是一段具有承上启下作用的、造成持续影响的历程。三线建设使得重庆地区形成了以兵器工业为中心，机械、化工、电子等配套产业协同发展的局面，为今天的重庆带来齐全成熟的工业体系。20世纪80年代后期转型后，虽然许多三线建设单位在新时代积极地发挥着中坚作用，但也遗留下大量三线建设遗址。以其中典型的生产类军工单位为例，1964 年至 1980 年间，老重庆地区的三线建设以军工为发展重心，重点新建及改扩建了 30 多家兵工厂。

三线建设的第一要务是预防敌人的突然袭击，为了在核战中“炸不垮、打不烂、能坚持生产”，三线选址提出了“靠山、分散、隐蔽”六个字的选址原则，工业项目大多选在偏僻山区的镇、县级市周边，靠近农村的郊野地带，选择那些商业经济不发达，交通不便利且相对封闭的地区，厂址选择的差异性成了制约部分三线企业发展的因素，企业不得不进行搬迁，这样的差异性同时也给三线工业遗产更新带来了难题，地处偏僻、远离城市，使得遗产的利用率较低。除此之外还有部分三线企业是在原有厂区基础上改扩建的，位于城市周边地区，随着城市的发展扩张，其所在地变为了城市中心地区，不得不外迁，成了工业遗产。因为级差地租、恶劣的环境等问题，使得三线遗产面临着被拆除的命运。重庆某三线工业遗产现状如图 3-1 所示。

图 3-1　重庆某三线工业遗产现状

三线工业的布局大多采用“大分散、小集中”的布局模式。“大分散”指将目标大、易被破坏、易暴露的综合型大厂，根据生产流线功能的不同，划分为多个专业化的小型工厂，以“星状”“点状”形式分散布置，形成“村落式”“镶嵌式”“瓜蔓式”的布局。300～500 人工厂，相隔不少于 10 公里；1500 人以上大厂，相隔不少于 50 公里。“小集中”指在“大分散”的基础上，保证独立功能的集中。大多数三线企业厂区按照功能大致分为以下几个区域：厂房区、办公区、居住区、商业区、医院、学校、农作物景观区等。

重庆在南线建了一系列生产大口径地面压制火炮（不包括迫击炮）及大口径高射炮的企业，主要有 147、157、257、5007、5017、5027、5037、5047、

5057、5067 等厂；在北面及西北面地区布置了 308、338、348、398、598、268 等厂，主要生产炮瞄器具及光学产品、大口径炮弹及战术导弹战斗部。此外，还布置了一个迫击炮专业厂（167 厂）。重庆兵工原有七大厂，即长安机器厂（456 厂）、望江机器厂（497 厂）、空气压缩机厂（256 厂）、建设机床厂（296 厂）、嘉陵机器厂（451 厂）、江陵机器厂（152 厂）、长江电工厂（791 厂）。三线建设时期，重庆兵工厂按照对空防御要求，对洞窟进行了扩建加固。在重庆主城新建的兵工企业有虎溪电机厂（5019 厂）和七一仪表厂（5077 厂），前者利用已撤销建制的重庆炮兵学校校址建造，后者利用当时停办的重庆工业学院校址建造。

1966 年 9 月 1 日，根据国家计委、国防工办批复，重庆地区开始建设多个 100 毫米高射炮厂。1967 年初土建工程动工，1972 年底各厂基本建设工程结束。20 世纪 70 年代中期，以重庆为中心的常规兵器工业基地建成。新建兵工企业 34 个，在重庆市区改建 2 个，新建研究所 2 个，单位总数达到 48 个。这些兵工企业能够研制和配套生产 40 多种比较先进的陆海空常规武器、坦克与装甲车辆、特种装备，以及配套的光学仪器、弹药、火工产品。在长江上游地区建设船舶工业基地，也是三线建设的重要部署。1965 年起，第六机械工业部组织踏勘，在下起万县上至永川、江津的沿江地带，按照靠山、近水、扎大营的建设思路和船、机、仪三大系统，分片布局了船舶工业及其配套企业，共计 22 个单位。当时，中央在重庆地区还安排布置了其他国防工业单位，涉及核工业、航天工业、军事电子工业等，如三线建设进洞的核反应堆及化学后处理工程（代号 816）、航天地面控制设备生产厂巴山仪器厂（289 厂）等。中央还对迁渝的冶金工业企业、机械工业企业、仪器仪表工业企业、化学工业企业等进行了扩建。这一时期，重庆地区能源基础设施得到很大加强。煤炭工业建设的重点是松藻矿区和天府矿区，先后建成打通一矿、二矿、刘家沟矿、杨柳坝矿等，新增设计生产能力近 400 万吨。电力工业建设重点为电源点和送出工程。重庆电厂在 1967 年 6 月和 1969 年 6 月先后各建成投产 1 台 5 万千瓦机组，总装机容量达到 29.6 万千瓦。1975 年 5 月，川渝电网第一条 220 千伏输电线路豆渝线建成投产，川西水电开始东输重庆。同时，交通建设也实现快速发展。1965 年 10 月，川黔铁路正式通车。1970 年 2 月，襄渝铁路开工，1978 年 5 月全线竣工，重庆去往北京不再绕行成都。港口码头方面，九龙坡重件码头增设了起重能力 180 吨的作业线。重庆港拥有机械化码头 13 座，最大停泊能力达到 3000 吨，年通过能力达到 632 万吨。

重庆市三线工业遗产主要集中在涪陵区，在涪陵至重庆沿江地带布局了涪陵川东造船厂（432 厂）、重庆造船厂（429 厂）和卫东造船厂（未建成投产即转交地方改建为渝州造纸厂）。在永川、江津建成了完整的船舶动力机器制造基地，主机企业为国营长江柴油机厂（405 厂），配套企业有红江机械厂（465 厂）、跃进机械厂（466 厂）、永川液压件厂（462 厂）等。万县船用仪表基地主要企业有永平机械厂（452厂）、江陵仪器厂（454厂）、长平机械厂（455厂）、江云机械厂（457厂）、武江机械厂（487厂）等。该仪表基地对海军建设贡献很大。南极科学考察船上的平台罗经、太平洋洲际导弹发射使用的导航定位系统等都由这里的工厂生产。后来，452厂、454厂、455厂、457厂、487厂五厂合并搬迁到主城区，组建为华渝电气仪表总厂（453厂）。

“三五”“四五”时期（1966～1975年）涪陵专区涪陵县工业及国民经济有较大的发展，1975年与1965年相比，工农业总产值增长42.9%。由于国家三线建设的展开，涪陵专区先后开建和建成国营816厂、红星金属结构厂、海陵内燃机配件一、二、三厂，化油器厂等企业，带动了涪陵经济的发展。其中具有代表性的工厂有国营816厂和红星金属结构厂。国营816厂位于现在的涪陵县白涛街道，紧邻乌江、背靠武陵山。1966年由周恩来总理批准建设，该工程打山洞用时8年，先后投入6万多人参与建设。国营816厂主要生产核燃料，建设投资7亿多元，因国际形势变化停建。红星金属结构厂又名“川东造船厂”，军工代号为432厂。始建于1966年11月，由上海江南造船厂包建，系内河唯一的常规动力潜艇生产企业。涪陵地方政府也先后投资建设了一批共计21家的配套企业，以此加强了涪陵电力、机械、建材、化工、轻纺、交通和水利事业的发展。三线建设时期涪陵专区工业遗产如表3-1所示。

表3-1 三线建设时期涪陵专区工业遗产

序号	位置	厂名
1	涪陵县(25家)	国营816厂
2		川东造船厂(又名“红星金属结构厂”)
3		海陵内燃机配件总厂
4		涪陵化油器厂
5		涪陵柴油机厂
6		涪陵钢铁厂
7		涪陵中药厂
8		望江氮肥厂
9		新丰化肥厂
10		联合磷肥厂
11		新建水泥厂
12		新光造纸厂
13		涪陵地区火柴厂
14		涪陵卷烟厂
15		涪陵地区针织厂
16		红卫丝厂
17		新棉绸厂
18		涪陵港

续表

序号	位置	厂名
19	涪陵县(25家)	白涛煤矿
20		工农煤矿
21		卫东水库
22		水磨滩水库
23		青烟洞电厂
24		涪陵电厂
25		红沙子电站
26	酉阳县(8家)	酉阳县化工厂
27		酉阳县磷肥厂
28		酉阳水泥厂
29		酉龚公路
30		酉阳汞矿
31		小坝青沙坨铅锌矿
32		龙潭水库
33		胜利水库
34	垫江县(11家)	垫江氮肥厂
35		垫江县石棉制品厂
36		垫江县水泥厂
37		垫江县盐厂
38		垫江丝纺厂
39		垫江天然气矿
40		卧龙河炭黑厂
41		龙华煤矿
42		红旗水库
43		丰收大堰
44		西山大堰
45	丰都县(8家)	丰都氮肥厂
46		丰都安宁水泥厂
47		丰都糖厂
48		丰都酒厂
49		丰都肉联厂
50		丰都港
51		龙河电站

续表

序号	位置	厂名
52	丰都县(8家)	九溪沟桥
53	秀山县(11家)	秀山磷肥厂
54		秀山县硫酸厂
55		秀山水泥厂
56		国营溪口水银厂
57		川河煤矿
58		长岗煤矿
59		孝溪水库
60		钟灵水库
61		帅家水库
62		钟灵后坝水电站
63		阳雀湾水电站
64	彭水县(9家)	彭水县水泥厂
65		郁山盐厂
66		彭水县造纸厂
67		彭水县肉联厂
68		张家坝及彭水;石柱公路
69		郁江煤矿
70		芦塘煤矿
71		燕家坪水电站
72		乌江大桥
73	石柱县(8家)	石柱县水泥厂
74		赵家桥煤矿
75		白岩煤矿
76		红旗煤矿
77		石柱茶园煤矿
78		桃花水电站
79		四方石水电站
80		沿溪大桥
81	武隆县(15家)	前进机械厂
82		红卫机械厂
83		红阳机械厂(第一厂址)
84		新兴机械厂

续表

序号	位置	厂名
85	武隆县(15 家)	永进机械厂
86		武隆 911 库
87		国营武隆县磷肥厂
88		国营武隆县水泥厂
89		武隆县造纸厂
90		涪陵地区苎麻纺织厂
91		涪陵地区沙子坨煤矿
92		锣鹰山煤矿
93		山虎关水库
94		大溪河电厂
95		土坎发电厂
96	黔江区(7 家)	三塘硫黄厂
97		黔江水泥厂
98		龙桥煤矿
99		东风煤矿
100		嘉禾电站
101		舟白电站
102		冯家坝大桥
103	南川县(33 家)	国营宁江机械厂
104		国营红山铸造厂
105		国营庆岩机械厂
106		国营天兴仪表厂
107		国营红泉仪表厂
108		南川九一一库
109		六机部七〇一二工程
110		南川氮肥厂
111		南川磷肥厂
112		南川水泥厂
113		南川龙岩河水泥厂
114		南川橡胶厂
115		南川县酒厂
116		南川五七煤矿五七井
117		南川五七煤矿中平井

续表

序号	位置	厂名
118	南川县(33家)	水江煤矿
119		水溪煤矿
120		南平煤矿李渡井
121		南平煤矿洞湾井
122		东胜煤矿
123		高桥煤矿
124		城一区办煤矿
125		大堰角煤矿
126		大观区办煤矿
127		后山煤矿
128		龙洞扁煤矿
129		高寿桥煤矿
130		跃进煤矿
131		三岔河煤矿
132		大治煤矿
133		双溪煤矿
134		肖家沟水库
135		三岔河电站

一、重庆部分三线工业遗产的闲置与荒废现象分析

（一）闲置荒废遗址的普遍性

调研时所见的重庆三线工业遗址的普遍现状如下。厂房、办公楼、宿舍楼、学校、医院、食堂、礼堂等建筑，基本上无人居住和使用。建筑附近杂草丛生，家畜乱跑。建筑物门窗荡然无存，室内空空如洗，墙垣毁坏倒塌。虽然有些遗址有人看管，但看管力度很松散。少数企业留下了一些难以搬迁的较大较笨重的机器设备，如冲压机、锻造机床等，有些还是进口设备，多严重生锈且被腐蚀，零部件散失。如重庆市江津区的12家三线企业，分别属原六机部、五机部、原总后勤部，原被用来生产常规武器和军用服装。20世纪90年代起，3家搬迁去四川；9家搬迁到重庆巴南鱼洞，遗留下一个三线工业遗址实物群落。

由于对工业遗产的闲置、荒废程度缺乏统一认定标准，只能将其进行大致归类。山西省国防科工办2011年调查该省19处“三线遗址遗迹”并将其分为三

类：第一类为归属明确，交给地方政府整体利用且保护利用状况相对较好，共8处；第二类为主体闲置损坏，局部由当地乡村、企业、老百姓自发占有用于养牲畜、家禽等，共4处；第三类为毁坏严重，基本荒废，共7处。总体来说，基本闲置、荒废的遗址占总数的一半以上。2016年调查显示，重庆境内的三线建设遗址共有53处，主要位于北碚区（10处）、万盛经济技术开发区（5处）、南川区（6处）、武隆区（7处）、万州区（6处），基本闲置、荒废的大约占45%。另外据其他学者的调研可知：川渝地区几十处三线工业遗产中，有43%的三线工业遗产惨遭拆除，仅留下少数遗存；有30%的工业遗产破坏严重，现状堪忧。根据上述内容估算，全国三线遗址中，闲置、荒废的比例大约达半数。图3-2为当下仍留存的荒废的三线建设工业遗址。

图3-2 荒废的三线建设工业遗址

（二）少数遗产的保护与利用成效概况

三线企业多属军工类企业，规模较大，厂房建造质量较好，不少框架保存相对还比较完整；另外建筑自身具备“三通一平”条件，对于其所处的偏僻的贫困山区是宝贵的生产力资源。据调查，已经无利用价值的遗址（主要是早期未建成即放弃、已完全毁坏、被拆除重建他用三种）在遗址总数中大约占30%，其余70%可以加以不同利用。但大部分有利用价值的三线遗产仍处于闲置状态。如笔者调研的晋江机械厂（5057厂），是规模较大的高炮构件铸造厂，厂房面积大，空置地和工房、宿舍多，仅俱乐部大礼堂就可容纳3000人，目前留存生产生活建筑设施较为完整，具备水、电、气、路、网“五通”的条件，竹林山坳，风景秀丽。但目前只有少部分用作养猪场。

三线建设工业遗产可通过以下三种方式进行保护利用。

（1）设立三线建设博物馆、纪念地。符合政策规定的少数遗产被认定为文物保护单位，用于设立三线建设博物馆、纪念地等。如四川省广安市对搬迁三线军工企业进行实物征集与遗址保护，建成了广安三线工业遗产陈列馆，这是全国第一个三线遗产展览馆。位于六盘水市的贵州省三线建设博物馆，是国内第一个省级三线建设博物馆。2015 年 3 月开馆的攀枝花中国三线建设博物馆，是经国务院办公厅批准定名为全国唯一“中国”字头的三线建设博物馆。位于四川省梓潼县的“两弹城”，是中国第二个原子弹和氢弹研制基地遗址，由邓稼先、王淦昌等杰出科学家的办公室、宿舍等楼群组成。四川省乐山市金口河区自己筹资在成昆铁路关村坝车站遗址建成了铁道兵博物馆。

（2）改造为三线建设主题文化园区、旅游景区。位于重庆市涪陵区白涛镇的 816 地下核工程遗址，是 1966 年经毛泽东、周恩来批准的为兴建地下核反应堆建设的工业基地。该项目历时 8 年挖建而成，为已知的世界第一大人工洞。隧洞四通八达，总长约 24km，最高大厅高达 79m。现作为爱国主义教育旅游基地向游客开放。以贵州长征电器集团公司长征 12 厂原址为主体改造的遵义“1964 文化创意园”也是三线工业遗址改造为旅游景区的典型案例。另外，重庆市南川区利用军工厂天兴仪表厂遗址建成全国第一家反映三线建设文化的“三线建设主题酒店”，山东蒙阴县利用三处小三线军工遗址建成岱崮地质公园、“三线军工小镇”。

（3）转让、重组为新的民间产业园区、办公场所。以重庆为例，大致有工业园区、教育园区、办公场所三种；位于平江县的平山机械厂（257 厂）遗址由地方政府开辟建设为万盛经开区；位于南川区的庆岩机械厂（5027 厂）遗址规划为工业园区庆岩组团，入驻企业 47 家、年产值 80 亿元，初步建成中小企业创业基地。位于永川区的 44 研究所遗址交由重庆科创职业学院、24 研究所遗址交由重庆大学电子科技学院、位于合川区的华川机械厂（204 厂）交由重庆人文科技学院，用以办学使用；位于永川区的 26 研究所遗址、位于南川区的宁江机械厂（564 厂）遗址，都改造为监狱；位于江津区的青江机械厂（5067 厂）遗址作为夏坝镇人民政府办公用地。

二、重庆三线建设调整改造的历史背景与现状考察

20 世纪 70 年代后期，我国面临的国际、国内形势发生了积极的变化，加之三线建设本身暴露出了一些亟待解决的问题，经过一番争论后，中共中央和国务

院确定对三线建设进行调整改造，作出了关于“三线建设要调整改造、发挥作用”的重大决策，并于1983年12月决定成立三线建设调整改造规划办公室，三线地区自此走上了“军转民”的凤凰涅槃之路。在此背景下，重庆地区的三线建设也不得不再次创业。重庆是三线建设的重镇，自然也就入选了三线建设调整改造规划的首批范围。在国务院成立全国三线建设调整改造规划办的同时，为加强领导，搞好重庆三线建设的调整改造，重庆市委也于1984年3月初，及时成立重庆市人民政府三线建设调整改造规划办公室。规划办公室的任务，是在市委、市政府领导和国务院三线建设调整改造规划办公室的指导下，从国民经济发展的全局出发，根据重庆地区的实际情况，为合理配置生产力布局，促进专业化协作，推进部门、地区、企业之间相互联合，结合经济体制综合改革，组织调查研究，提出重庆市现有三线企业的调整和技术改造规划，及时研究解决调整工作中的重大问题。规划办公室由重庆市计委、经委、财办、城乡建委、市委办公厅、市政府办公厅、市委政策研究室、市体改委、四川兵器工业局、重庆船舶公司等单位的负责同志组成，在此机构领导下，重庆三线建设调整改造较为快速地确立起了正确的方向。1984年3月27日，重庆市三线建设调整改造规划办公室召开第一次工作会议，根据会议精神对重庆三线建设单位进行了摸底调查，将它们细分为成功的、基本成功的和存在严重问题的三种情况，并按照“关、停、并、转、迁”的方针，进一步提出了以企业调整、产品调整和技术调整为主要内容的调整方案。4月11日，召开了关于重庆市三线调整项目定点规划的专题会议，确定了有关规划原则：对国务院有关部门批准在渝开设的窗口（不含生产部分）办公、展销、咨询服务等项目可布置在母城核心地带；对科技信息研究机构、知识密集、技术密集的新兴产业，用地量不多又无污染的项目可布置在母城边缘的近郊开发区内（如南坪镇、石桥铺、观音桥等区域）；对其他工业项目，视其生产性质及规模，分别布置在母城外围的区县城镇地带。

在具体调整改造过程中，又分不同情况采取了不同的调整方式，主要有如下几种。

一是三线企业调整与资产重组、企业技术改造结合起来进行，克服原样搬迁、重复建设和“大而全”“小而全”的弊端，上规模、上档次。如兵器系统，将处于偏僻山区的九个大中型企业，集中调迁至巴南区渔洞镇，通过资产重组和企业组织结构调整，成立了大江车辆总厂（107厂）和九个专业分厂，形成了特种车辆、微型轿车和军工重型机械生产基地。同时，通过调迁，吸引了外资，兴办了七家中外合资、独资企业。据统计，43家调迁企业中，引进外资共9760万元，创办合资企业20多个。

二是把三线企业调整与全市的发展布局结合起来。重庆市三线调迁项目中有

20多个企事业单位迁入重庆经济技术开发区或高新技术开发区，形成经济发展新的增长点，使一批工业小区和企业群体应运而生，逐步形成一批新兴产业和企业集团。如把万州区船舶系统的六家三线企业集中迁入渝北区冉家坝，形成了精密机械仪器仪表工业区；把永川三个电子研究所（24所、26所、44所）、两个电子工厂（759建安仪器厂、789厂）和一个光学厂（华蓥山的光学仪器厂）调迁至南坪地区，形成了电子仪器仪表工业区；把两个研究所（59所、62所）、两个设计院（航天设计院、化工设计院）、两个企业（515厂、289厂）调迁至石桥铺，形成了科研区。上述企业调迁后，整个地区形成了企业群体和新兴工业区，带动了地方工业的发展和开发区的形成，改善了重庆地区的工业布局。并且通过专业化分工和协作配套，使企业生产水平和技术水平均得到很大提高。

三是开设窗口，老厂不动，将科研机构和民品生产企业调迁。如红宇机械厂，地处西泉山沟，军品生产线不动，将民品生产调迁至璧山县城，既减少了投资，又使军品、民品生产达到了较快发展。再如一坪化工厂，是厂所合一的单位。通过调整，把研究所迁入石桥铺，同时又新建了一个年产五万吨润滑油生产企业，既稳定了科研技术队伍，又使生产获得了新发展。

四是就地调整改造。如建峰化工总厂（816厂），地处深山沟，军品生产未建成就停工，企业困难很大，但因企业规模大，搬迁也很困难。经有关部门多次协商研究，运用三线企业调迁政策，就地新建了电厂，并引进了一条大化肥生产线，并在重庆开设企业窗口，从而使企业摆脱了困境，稳定了职工队伍，并为新的发展创造了条件。

五是性质相同、工艺相近的厂所合并调迁。如59所，是由3个科研单位合并迁入石桥铺地区；又如重庆公路研究所，是吸收另外一个研究单位并迁而成。通过并迁，增强了研究所的科研力量，为其发展打下了良好基础。

六是三线企业调整与三峡库区淹没企业搬迁相结合。重庆合成制药总厂，既属三线企业，又属将来三峡库区被淹没企业，从而把两者结合起来，运用两个方面的政策和资金渠道，在江北寸滩建设了比原来规模更大的新厂，形成了老厂、新厂都生产的局面，同时改变了原来产品单一的弊端，形成既生产原料药，又进行深加工生产成品药的新格局。

总体来看，重庆市在“七五”“八五”“九五”期间共调整改造项目31个，涉及43家三线企业和科研院所，占全市125个三线建设企事业单位的34%，调迁职工近6万人，总投资近50亿元。其中，兵器行业有11个调整项目，16个调整单位；船舶行业有5个调整项目，10个调整单位；电子行业有3个调整项目，5个调整单位；机械行业有6个调整单位；核工业、石化工业、航天工业、医药、化工、轻工行业各有1个调整单位。通过近年的努力，重庆三线建设调整改造取得了巨大的成绩。一方面，三线企业得以“盘活”，在解决了生产、生活、环境问题的基础上，厂址布局更加优化，产品结构更加合理，管理机制趋于现代化，市场竞争力得到增强；另一方面，重庆三线军工企业按照“保军转民、军民结合、平战结合、以民养军”的方针进行的“军转民”二次创业成功，进一步推动重庆机械、化工、冶金等支柱产业的发展，改善了重庆的工业布局，为重庆社会经济发展奠定了坚实的物质技术基础。

当时调整改造的背景主要是基于两点：一是国际形势变化；二是国内计划经济向市场经济逐渐转轨，很多企业由国家包干改为自负盈亏，所以必须进行调整。因此，从“六五”开始一直到“九五”，到 20 世纪 90 年代末我国基本完成了三线调整，这也是一个基于整个国家发展规划的整体战略。

当时三线调整主要是针对自然环境不利、选址不当和交通不便影响生产、信息交流和科研技术发展的，以及职工生活和子女升学、就业困难的一批三线企业进行调整。在调整过程中，重庆工业建设获得了一些成效。一是改善了环境，使众多的三线企业和职工摆脱了自然灾害的威胁和危险，生产经营活动和职工生活条件得到了根本改善；第二是稳定了人才队伍；第三是促进了企业产品调整；第四加快了重庆的工业布局，形成了重庆经济开发区、高新区和北部新区；第五推动了重庆支柱产业的形成，即汽车和摩托车、天然气和医药、优质钢材和铝材三大支柱产业。

在调迁过程中重庆的停军转民工作做得比较好的，也得到上级部门的充分肯定。停军转民的最大成果就是使得汽车和摩托车这两个产业支撑了 20 世纪 80 年代后期至 90 年代中后期的重庆财政。而军转民也主要是经历了三个阶段。第一个阶段是为了解决吃饭问题，当时上了一些紧俏产品，但大多企业刚经历计划经济，缺乏对产供销的相关经验。第二阶段是 20 世纪 80 年代中期，重庆比较成熟的迈出了军转民的重要一步，代表就是摩托车、汽车和船舶面向东南亚销售。第三阶段是进入 20 世纪 90 年代以后，重庆就形成了一批停军转民的大集团，比如长安建设、中船重工、华仪电气等一批大型的军转民企业，可以说是停军转民的壮大期。

第二节
典型案例分析：“816 工程”的物质资源活化与精神资源提炼

20 世纪 60 年代初，中央决定采取紧急措施将一些重要工厂转移到“二、三线”地区，但是因为特殊原因，有的工厂不能搬迁，只能在迁移的地方新建，作为我国第二个核原料生产基地的“816 工程”就此诞生。从 1967～1984 年的 17 年间，前后有 6 万多人从全国各地聚集到重庆涪陵地区的白涛镇，挖空了 150 余万立方米的岩石，挖成了一个总长超过 20km 的庞大地下工程。许多科学家、军人、建筑工人为此默默奉献，甚至长眠在青山绿水之中。这一工程充分体现了中国人民不畏艰辛、顽强奋斗、敢于牺牲的精神，是三线精神的重要组成部分。

“816 工程”起步于特殊时期，当时的施工条件十分简陋，建设难度很大，参与这一工程的建设者们克服各种困难，按照既定计划完成了各项工作。随着局势的变化，“816 工程”的命运发生转折，提前结束自己的历史使命。工程停建后，国营 816 厂转产化工产品，面临一无资金，二无技术，三无经验的困境，不得不在新的形势下进行转型，以崇高的精神和顽强的斗志迎接新的挑战。

一、“816 工程”的实施背景与历程回顾

早在中华人民共和国成立前，以钱三强为首的一些爱国科学家为组织研发原子能而奔走呼号。但是彼时的中国战火纷飞，当权派各自为政，开展原子能研究无疑是痴人说梦。中华人民共和国成立伊始，中共中央就十分重视发展新兴科学，我国 1950 年成立了第一个原子能研究机构——中国科学院近代物理研究所（后改名为原子能研究所），聚集了一大批高精尖人才。但是我国原子能研究基础实在太薄弱，西方又对中国进行技术封锁，中国原子能事业举步维艰。1954 年国庆期间，毛泽东主席向前来参加庆祝典礼的苏联领导人赫鲁晓夫提出，希望苏联帮助中国研制原子弹。1955 年，中苏签订《原子能合作协议》，约定苏联为中国提供核技术支持，帮助中国培训技术人员。1956 年 7 月，中苏两国又共同起草了《关于苏维埃社会主义共和国联盟为中华人民共和国在建立原子能工业方面提供技术援助的协定（草案）》。此后几年内，两国就原子能合作签订了一系列的协议，苏联对我国核工业发展提供的援助范围进一步扩大。在苏联的援助下，我国建成中国第一个核反应堆和第一台回旋加速器。此外，内蒙古包头核燃料原件厂、甘肃兰州铀浓缩厂、甘肃酒泉原子能联合企业、西北核武器研制基地等核工业研究单位的首批核工业主要工程项目的基础工程和附属工程都陆续投入使用。我国的核研究工作全面铺开，核工业发展开始步入正轨。

20 世纪 50 年代后期，随着国际形势发展，我国的核工业发展遭遇了严重的危机，加之三年困难时期更使得核工业发展雪上加霜，但是中国人的骨气和志气使得我们无所畏惧。中国原子弹之父钱三强曾经用一句诗句来形容当时的情况：“疾风识劲草，岁寒知松柏。”在严峻的形势下，中共中央决定：自己动手，从头摸起，准备用 8 年时间搞出原子弹。毛泽东主席在北戴河会议上再次号召：“要

下决心搞尖端技术，赫鲁晓夫不给我们尖端技术，极好！如果给了，这个账是很难还的！”我国第一颗原子弹还用苏联来信拒绝提供原子弹教学模型和图纸资料的日期——1959年6月作为代号，即代号为“596”，这就是中国人的风骨。1964年10月16日，一朵耀眼的蘑菇云从罗布泊上空升起，我国克服重重困难，仅用2年8个月便铸成了国之核盾。

20世纪60年代，我国面临内外交困的困难局面。根据对当时国际形势的综合分析，毛泽东主席在“三五”计划中提出了“三线建设”的战略决策。三线建设就是建立战略大后方，而核工业建设是其中重要的一部分。但是由于核反应堆设施的易暴露特性，无法对所有核设施都进行转移重建，中央只能首先重建最重要的核反应堆。1965年，中共中央决定选址建设第二套隐蔽性和安全性更强的核反应堆。

1965年，以“404厂”人员为基础组建的地下核反应堆选址勘探组跑遍了云、贵、川等地区，勘察了上百个地区后，提出了17套方案，最后选定了群山环绕、山体坚固、又背靠乌江的涪陵白涛镇作为建厂地点。1966年，经周恩来总理和中共中央军委批准，决定在原四川省涪陵县的白涛镇金子山修建“816工程”。这个位于乌江之畔名为“白涛”的小镇，在被确定为“816工程”所在地后便从地图上消失了，“816”主体工程附近三公里居民全部搬迁。从此，白涛镇在通信上的地址只是“重庆市4513信箱”。白涛镇首先迎来的“客人”是北京二机部第二研究设计院的专家们。第二研究设计院曾经设计了“404厂”，这次也由他们负责设计“816工程”。规划中有几个难点，第一是生活区域的确定，第二是核工程主体建设中如何在山体上“打洞”。为了避免核辐射对工作人员身体造成影响，核工程和生活区的距离一般是在10公里左右。但是，要在这个人口密集的地区设定10公里的无人区，几乎是不可能的事情。最终，规划提出了折中的方案：在核工程附近三公里以内，绝对不能有住户，三公里以外可以安置一些不太重要的工程，生活区设计在距离主厂区5公里以外的山上，一来距离远一点，二来山上比较凉爽。第一个难题解决了，但是第二个难题却是由前后6万多工程兵耗费7年的时间解决的。因为受到国内形势的影响，“816工程”主体工程的施工没有按照最初的计划由二机部独立完成。1967年，根据周恩来总理的指示，专门从事特种兵工程建设的中央军委直属工程兵建筑第54师（部队番号“8342”）中的2万多官兵进驻白涛镇。这支部队的官兵都经过了严苛的挑选和政审，严格遵守“上不告父母，下不示妻儿”的保密纪律。因为受到苏联“外科手术式的核武器打击”的威胁，“816工程”的建设在1970～1972年间被推到了高潮，每天有六七十个连队在金子山里施工。在当时的条件下，工程主体洞体的施工完全靠人力掘进、打眼、放炮、出渣、铺道，施工实行三班制、四班倒，24

小时不停歇地作业，且每个班必须在 8 小时内完成自己的工作量。50 公斤重的日本造凿岩机是当时施工时用到的最先进的工具，由风钻班的工程兵抬着开凿岩石。当时的施工环境非常恶劣，很多工程兵因此患病，甚至牺牲。根据统计，有 76 名官兵为“816 工程”献出了平均年龄不到 21 岁的年轻生命。但是因为工程的保密性，他们的亲人直到 2002 年工程解密，才知道他们为何牺牲，葬在哪里。根据统计，直到 1974 年 54 师陆续撤离，前后参加工程建设的官兵总人数高达 6 万人，建成大型洞室 18 个，道路、导洞、支洞、隧道及竖井 130 多条（个）。工程兵撤离后，由核工业建筑第 22、23、24 公司接手安装任务，1974 年首批人员进洞开始安装设备。“816 工程”入口如图 3-3 所示。

图 3-3　“816 工程”入口

“816 工程”全长 20 公里，里面洞连洞，最高的洞体长达 63m，近 20 层楼高，这是非常了不起的工程。而且这个洞体工程，还曾获得过全国科技大会优秀奖。可以说，它的设计、施工代表了当时我国最高的洞穴建筑水平。

20 世纪 80 年代，世界格局再次发生了重大变化，美苏两大阵营的冷战趋于缓和，战争不再是国际形势的发展方向，“和平与发展”成为国际社会的两大主题。大多数三线企业已经不符合时代发展的需要，面临关停并转的困境，而“816 工程”便是其中的一部分。已经建设了 18 年的“816 工程”褪去原本的历史使命，在 1982 年 6 月接到中央缓建的指示。1984 年 6 月，国务院和中央军委正式决定 816 核工程停建。此时，“816”核工程已完成 85%的建筑工程、60%的安装工程，已累计完成基建投资 7.4 亿元。预计再花大概一个亿，整个工程就可以投产。但是，为了顺应世界“和平与发展”的主旋律和国家经济建设大局，“816 工程”不得不提前结束自己的历史使命。这座汇聚了 6 万多年轻人青春和汗水，甚至是生命的庞大地下核工程，为和平而开建，又为和平而停建，承载了老一辈对祖国深刻的感情与无私的奉献精神。

工程停建后，国营 816 厂面临一无资金、二无技术、三无经验的困境，几千名职工面临严峻的生存问题。作为一个几乎与世隔绝的绝密工程，816 厂的存在一直是最高机密。1968 年开始修建的襄渝铁路甚至为避开白涛镇而改线，不走平地而走山洞。这样一个位于大山深处、交通闭塞的核工程要军转民谈何容易。是不是可以像别的三线企业那样搬迁到城市附近去发展呢？但是“816 人”却舍不得他们挖了 18 年的洞。

很多人陆续离开了 816 厂，自谋生路，但更多的“816 人”选择留下来。从开荒山、种茶树、做面包、种蘑菇做起，开始了第二次艰苦创业的历程。他努力挽留业务能力强的干将，而这些人为“816”的成功转型做出了重要的贡献。工程主要设计人员潘开泰就是因为对老书记的承诺，而一直留在 816 厂直至退休。在最艰难的时候，他带着厂里多名名牌大学毕业生到外面找活干，给别人搞建筑设计。1976 年进厂的冯川勇也选择了留下，他回忆说，在最困难的那段日子，他们基层工人什么都干过，在山上养过猪，在洞里种过蘑菇，甚至还在乌江上卖过自己做的面包。潘开泰说：“现在有的年轻人对我们不理解，觉得我们傻，有好地方不去，非要留在厂里。但是我们当时的想法就是要让‘816’生存下去。”

虽然作为一个严格保密的军事化工程，816 厂长期与外界隔绝，但是在停建后，“816 人”放下核工业人的姿态，利用仅仅 1000 多万元的转型资金，努力适应市场规律，摸索人民的需求。他们烤面包、酿酒、培育蘑菇、搞闭路研究、生产客车，大胆尝试研发各种民品。靠着“一不怕苦，二不怕死”“有条件要上，没有条件创造也要上”的大无畏精神，陆续建成投产热电厂、大理石、人造革等民品项目。1993 年，经中央批准，816 厂建成投产重庆唯一的大化肥项目，自此 816 厂终于有了自己的支柱产业，奠定了以化肥为主业的牢固基础。从 1998 年起，816 厂就开始盈利，更是进入了重庆工业 50 强企业行列。之后 816 厂正式改名为建峰化工总厂，除了生产化肥，还生产装化肥的编织袋，竭尽所能发展民营项目。经过努力，2008 年工厂完成集团化改制。现资产总额 110 亿元，员工 3200 余名。现在，建峰集团以其强大的水、电、汽、运、消防和检修等公用工程和工业技术服务能力，完整的医疗、职幼教等生活后勤服务设施，带动涪陵白涛化工园区产业聚集和集约化。今天的建峰集团，已经成为军工转民的成功典范。

尽管“816 工程”已经改头换面，但“816 人”身上那种艰苦创业、勇于创新的基因却遗传下来，激励着“建峰人”追逐新的浪潮。2017 年，建峰集团开始集中力量于“816 小镇”的开发。通过与其他文创公司合作，充分利用“816 工程”遗留下的部分洞体、厂房、器械等工业遗产，结合三线精神内涵挖掘“816 工程”历史，大胆尝试、敢于创新、勇于探索，打造出了一处兼具旅游参观、爱国主义教育、干部教育培训等多重功用的文旅结合特色小镇。图 3-4 即为“816 工程”爱国主义基地现状。这既为建峰集团带来了新的效益，又让“816 工程”在新时代重庆焕发出生机与活力。2020 年，“816 小镇”成果入选中国城市更新优秀案例，“816 小镇”已然成为提升城市竞争力，满足百姓美好生活意愿的成功样板。

图 3-4　“816 工程”爱国主义教育基地

金子山麓、乌江水畔，昔日的国防核工业“816 工程”，在近六十年的建设、调整、改造后，华丽地转型为今天以化工为主业，同时着力打造“816 小镇”的建峰集团。这是在茫茫青山中上演了一出出创业的大戏，情节跌宕起伏，引人入胜。尽管创业大戏无疑还会继续演绎，但青山却早已遮不住大戏幕后那三线精神的传承与延续。

二、“816 工程”精神资源的当代价值探讨

“816 工程”不仅是中华人民共和国历史上的一座里程碑，更是中华民族精

神的一次伟大展现。在这项伟大的工程中，建设者们展现出了艰苦奋斗、勇于创新、严守纪律、团结协作等精神，这些精神资源对于当今社会仍然具有重要的价值和启示。

“816 工程”作为国防建设的重要成果，其精神资源对于促进当代国防建设具有重要的指导意义。我们应该继承和发扬这种精神，不断提高国防建设的水平和能力，为国家的安全和发展提供坚实的保障。在当前国际形势复杂多变的情况下，我们更需要加强国防建设，确保国家的安全和稳定。“816 工程”精神资源所蕴含的艰苦奋斗、勇于创新、严守纪律、团结协作等精神，与社会主义核心价值观具有高度的契合性。我们应该将这种精神融入社会主义核心价值观的弘扬和践行中，使其成为推动社会进步的重要力量。通过学习和传承“816 工程”精神资源，我们可以更好地理解和践行社会主义核心价值观，为构建和谐社会贡献力量。

在新时代背景下，青年一代是国家的未来和希望。学习和传承“816 工程”精神，可以激励青年一代树立远大理想、勇于担当、敢于创新、严守纪律、团结协作的品格，为国家的繁荣富强贡献青春力量。青年一代应该继承和发扬“816 工程”精神资源中的优秀品质和精神风貌，成为新时代的建设者和接班人。“816 工程”不仅是一项伟大的国防建设工程，更是一笔宝贵的精神财富。

我们应该深入挖掘和传承这种精神资源，将其转化为推动社会进步的重要力量。同时，我们也应该加强对“816 工程”的宣传和教育，让更多的人了解和认识这一伟大的工程，从而激发更多的人为实现中华民族伟大复兴而努力奋斗。

第三节
典型案例研究：江津 5057 厂与 32111 钻井队的生产与保护共生模式

江津地区作为三线建设的重要区域之一，见证了无数企业从创立、发展到转型的艰辛历程。其中，江津 5057 厂与 32111 钻井队的生产与保护共生模式，尤为典型，不仅体现了三线建设时期企业的生存智慧，也彰显了社会主义制度下劳动者的高尚情操与无私奉献精神。

一、江津 5057 厂：搬迁中的重生与二次创业

分布于重庆南线片区高射炮生产基地的国营 5057 厂在就地改造无望的困境

下，通过利用外资贷款的渠道，奋力挤进国家搬迁立项的名单，在搬迁中边调整产品结构，边实行技术改造，最后成功从山沟搬到了重庆巴县鱼洞，融入107厂（大江集团）。5057厂脱险搬迁的过程反映出国家在三线建设调整改造中多次根据改革开放形势的发展与变化对脱险搬迁的相关政策作出改动，搬迁单位也随之作出积极的应对。5057厂的脱险搬迁个案从一个侧面揭示了三线调迁时期三线兵工企业在转型中图生存、求发展的艰难拼搏。

（一）历史背景与搬迁动因

1983年，国家开始实施三线建设调整改造政策，对兵工企业提出了“军民结合、平战结合、军品优先，以民养军”的十六字方针。由于当年三线建厂选址不当带来的“后遗症”，许多三线企业面临生存发展的危机。为此，国家对这些三线企业实施了“脱险搬迁”计划。由于许多企业在调整搬迁过程中，不少档案都已失散，至今对三线调迁时期脱险搬迁个案所进行的深度研究可谓凤毛麟角。5057厂搬迁并入的107厂是一个由原兵工部系统重庆南片区生产常规兵器的九个三线军工厂合并组成的兵器工业总公司直属的大型工业集团，是全国兵工部系统三线企业搬迁合并中规模最大的一个工厂，是三线兵工企业脱险搬迁的一个缩影。鉴于此，本书尝试根据重庆5057厂厂史以及从私人收藏中了解到的企业档案等文献资料，对在改革开放与三线建设调整改造背景下5057厂进行的脱险搬迁博弈做一番梳理。

在三线建设的整体布局中，重庆是西部地区重要的常规兵器工业基地。矗立在重庆市南部距离重庆主城区70公里处一个叫桃子沟的地方（现属江津区夏坝镇）的5057厂，是重庆南线片区高射炮生产基地的9家配套军工厂之一。5057厂东临川黔公路，西靠川黔铁路、綦河，距川黔铁路夏坝火车站3.5公里，距国道川黔公路5公里。綦河距离夏坝仅几公里，为5057厂的生产、生活用水来源地。桃子沟内丘陵蜿蜒，山头与山沟的平均相对高差为60～80m，地面出露层为红砂岩、泥岩，地质构造无断层和崩塌。无论从地质、地理状况还是交通条件看，此地都是较为符合备战需求的建厂之地。

5057厂是第五机械工业部（简称五机部）的下属单位，由山西太原247厂主包建，重庆451厂副包建。主要生产常规兵器59式100mm高射炮等。1966年10月，5057厂开始筹建；1972年12月，基建工程完成，100mm高射炮铸件正式投入批量生产。从1972年开始正式生产以后，5057厂每年能够完成（或超额完成）上级下达的生产任务（1976年除外），产值逐渐上升，利润稳步增加，1979年达到工厂生产的顶峰时期。为贯彻落实党的十一届三中全会提出的“将工作重点转向经济建设”的精神，五机部制定了“军转民”的方针。从1980年起，五机部下属的军工企业军工订单快速减少。1980 年 5057 厂计划完成的工业总产值为 200 万元，其中军品产值仅 15 万元，占 7.5%；1981 年工厂计划完成的工业总产值为 452 万元，但军品产值仅 42 万元，占 10%不到；1983 年、1984 年，军工订单更是大幅度减少，军品任务只占全厂总任务量的 3%，生产形势更加严峻。

1979 年底，厂里响应上级的政策变化，成立民品生产领导小组，厂长亲自担任组长，全厂上下，层层发动，组建了一支庞大的开拓市场队伍，去到全国各地寻求与船舶、汽车、石油、化工、机械、煤炭、矿山、轻工、外贸等行业的企业进行合作，为各单位生产所需的各种铸钢、铸铁零件，也为三线企业生产民品铸件等。几年下来，5057 厂生产的各类产品达上千种，零件达几千吨，许多产品虽受到用户欢迎，年年订单不断，但工厂本身却经济效益不佳。1980 年工厂亏损约 331.6 万元；1981 年亏损约 267 万元；1982 年亏损约 278.9 万元；1983 年亏损约 223.5 万元；1984 年亏损约 118 万元。厂领导经过调研，明确了连年亏损的原因，同时悟出了一个道理：铸造业绝不能单靠毛坯吃饭，必须生产有机加工过程的整机产品，才能提高产品附加值。工厂为摆脱困境，把精力集中到去寻找适合发挥自己工厂生产技术优势的产品上，并努力培育为长线支柱产品。兵工企业在开发民品中屡受挫折，上级主管部门也十分着急，积极帮助下属单位解决困难。在西南兵工局的帮助下，5057 厂拿到了试制奥拓微车发动机缸体毛坯铸件和生产 S2030 铁马重型汽车配套铸件（以汽车底盘、转向器等为主）的生产任务，工厂抓住机遇，当年就拿出合格产品供 152 厂（机加厂）生产装配，大小汽车铸件都被鉴定为合格。1985 年 4 月，S2030 铁马重型汽车配套铸件正式投入批量生产。奥拓微车发动机缸体毛坯铸件因工厂没有足够生产手段和能力条件，不能进行批量生产，于是向苏州铸造机械厂购买了第一条国产气流冲击造型机生产线，但良品率达不到规定的质量要求，只能考虑从国外进口生产线。工厂了解到西班牙佛隆达（Folonda）公司采用气流冲击造型技术生产的铸造生产线，在当时属于世界一流的生产技术，于是同该公司洽谈购买铸造生产线的事宜。尽管对方给出的报价较为优惠，但当时工厂自有资金严重不足，银行贷款也很难获取，购买铸造生产线事宜只能搁置。直到几年之后，工厂才从西班牙佛隆达公司购买了的微车发动机缸体生产线。

20 世纪 80 年代中后期，国内紧缺火车车厢与火车机车、重型和轻型汽车等，国务院领导几次提到军工企业有条件为其生产配件。“最近铁道部在生产机车方面，在生产货车方面，开始对三线企业有所要求。”“……除铁道部生产的以外，三线企业有条件的也要组织起来进行生产。”5057 厂领导通过重点走访，获悉铁道部正在为火车提速，升级改造有关车辆部件，于是登门拜访铁道部，希望得到铁道部的生产许可权。同时还拜访了相关生产单位，告知 5057 厂有技术条件和能力为铁道部生产急需和短缺的火车车钩。经过数次造访，终于获得铁道部的同意，先为铁道部试制生产 13＃车钩。5057 厂抓住这一难得的机遇，严格把控各工序的技术质量，精心组织生产，试制件经检验合格，取得了铁道部生产许可资格。紧接着又保质保量、按时地完成了 1988 年首批生产合同订单。工厂由此起步，逐渐形成了 13＃车钩、E 级钢车钩、2＃车钩、米轨车钩等火车车钩系列的又一个长线支柱产品。

此外，工厂还利用军品计划不足所富余的铸钢生产能力，开展了冶炼钢锭和轧钢生产，以增加工厂的经济效益。由重型汽车配件铸件、微车发动机缸体、火车车钩系列、钢锭与轧材组成的“三车一材”民用支柱产品的形成，使得工厂负债开始逐步减少。但在民用支柱产品形成之前，工厂始终在时盈时亏中徘徊，直到搬迁以后，才走上新的发展阶段。

（二）资金难题与解决之道

搬迁之路并非坦途，资金短缺成为横亘在 5057 厂面前的最大障碍。在一次兵器工业部的会议上，虽然国务院领导提出了对部分不搬迁企业进行就地改造的资金支持方案，但 5057 厂管理层深知，就地改造虽能解一时之急，却非长久之计。经过深思熟虑，厂领导层毅然决定放弃眼前的利益，坚持走搬迁之路，即便这意味着要放弃工厂的番号、个人的头衔乃至干部的身份。这一决定，展现了三线建设者不畏艰难、勇于牺牲的精神风貌。

三线调迁时期，国家经济面临严重困难，计划用于脱险搬迁的资金仅为 20 亿元，还不到整个三线建设投资金额的 1%。国家“七五”计划中的搬迁补贴共 8 亿元，落实到具体搬迁单位，国家出资补贴的比例为 4∶3∶3，即国家补贴占搬迁总投资的 40%，部省和搬迁企业各出 30%。考虑到原材料和能源等大幅涨价的因素，“八五”计划中的国家搬迁补贴共为 8.5 亿元。凡列入部省计划搬迁的项目，国家不给搬迁补贴，仅享受国家给予的免税优惠政策，即享受“单给”待遇。5057 厂的搬迁属于部省级计划项目，除了部省支持的 30%的资金补贴之外，70%资金都要依靠企业自己筹集，因此搬迁的筹资压力巨大。

搬迁首先需要有自筹资金。已被列入国家“七五”计划搬迁的企业，尽管有国家补贴资金，但也只是整个搬迁投资中的一部分，于是各企业纷纷喊出“一手挣钱吃饭、一手攒钱搬家”的口号。对 5057 厂而言，1980 年以后工厂连年亏损，到 1986 年底负债率几乎达 100%，即使“砸锅卖铁”，工厂自筹资金总共也只有 1300 万元（搬迁转卖各种设施设备费 800 万元，加上免交五年折旧费 500

万元)。由于工厂负债率高,银行不愿给工厂放贷,上级领导部门也拿不出贷款的钱,5057厂自有资金严重不足,要想搬迁,寻找筹资渠道是当务之急。在积极开拓筹资渠道过程中,厂领导获悉国家经贸部掌握许多国外政府的低息贷款项目,其中包括西班牙政府的低息贷款,工厂也可以提出申请。回想起5057厂为生产长安奥拓微型汽车发动机缸体毛坯铸件的任务,曾经同西班牙佛隆达(Folonda)公司洽谈过购买一条铸造生产线的事宜,但当时因工厂资金不足,没能购入。这时厂领导想出了一个“借鸡生蛋”的方案,即通过向西班牙政府低息贷款来解决5057厂搬迁的资金筹措问题。于是工厂立即向兵器工业总公司报送了一份申请利用国外政府低息贷款项目的立项报告。

按投资项目审批管理权限,兵器工业总公司最高只能审批不超过3000万元人民币的项目,因此,5057厂的脱险搬迁项目申报,以3000万元人民币为限。在收到兵器工业总公司的批文后,5057厂正式启动利用贷款购买西班牙铸造生产线的项目。随之,“借鸡生蛋”式的脱险搬迁项目也正式启动。

可以说为了筹集搬迁资金,5057厂采取了多种措施。一方面,通过自身努力,加强内部管理,提高生产效率,降低成本,积累搬迁所需资金;另一方面,积极寻求外部支持,与兵器工业部及各级政府部门沟通协调,最终争取到了国外政府的低息贷款,为搬迁工作提供了坚实的资金保障。

(三)搬迁过程与成就

在兵工部、西南兵工局和地方政府的领导、支持和帮助下,5057厂领导班子团结一致,带领全厂职工众志成城,在巨额负债的困境中,克服一系列困难,终于冲出夏坝,成功脱险搬迁。工厂边搬迁,边进行技术改造和产品结构调整,引进国外先进技术,采用新工艺、新设备,把设备改造和引进新技术结合起来,开拓与发展出批量大、技术先进的支柱性民品,在市场形成较强的竞争力。2004年,5057厂实现利润175万元,终于甩掉了多年亏损的帽子,实现了华丽转身。5057厂脱险搬迁成功的经验,可以从以下两方面进行总结分析。

大胆开拓自筹资金的渠道。三线调迁时期,不少兵工企业因连年亏损,背上巨额债务,银行拒绝放贷,结果只能破产。5057厂在无法获得国内银行贷款的情况下,解放思想,找到了利用外资低息贷款的渠道,奠定了工厂脱险搬迁自筹资金的基础。以后,5057厂又在兵总系统内组建合资公司——奥力公司,充分利用合资单位的资金储备,解除了本厂微车缸体生产中流动资金严重不足的隐患。

厂领导具备长远发展的战略眼光。对标搬迁的硬指标,5057厂第一次申请搬迁时并不清楚“三线办”关于列入脱险搬迁项目的四个基本条件（即地震危害和威胁、工程地质条件恶劣、水文地质极差、自然环境严重污染），第二次申请搬迁时，把强调搬迁的理由集中到地质工程问题与水源严重污染问题上，与北总制定的搬迁硬指标对接，增加了搬迁立项申请的胜算。三线兵工企业当年进山建厂是备战的需要，而搬出山沟则是市场经济的需要，因此在选择新的搬迁地点时，必然要将经济生产需要放在首位。5057 厂主打产品为钢铁铸件、火车构件、微型车轴缸体等，可成为大江集团整个汽车零部件产业链中的重要一环。提出改迁入地为巴县鱼洞的要求，符合“三线办”对搬迁单位提出的“向有利于发挥本身技术优势和加工协作的地区搬迁”的原则，这也反映了 5057 厂领导着眼于企业长远发展的战略目光，与国家的汽车工业发展和铁路建设发展战略相结合，开发相关产品，服务于国家社会经济发展战略。

5057 厂在脱险搬迁的过程中，善于研究分析国家改革开放的形势，领会党中央的经济改革精神，用足政策，用活政策，解放思想，敢于创新，这种精神和智慧在今天中国式现代化社会主义建设道路的探索中，依然是值得借鉴的。新厂区的建成投产，标志着 5057 厂正式开启了新的发展篇章。在新的环境中，企业凭借先进的生产设备和工艺技术，不断提升产品质量和市场竞争力，逐步发展成为行业内的佼佼者。同时，搬迁过程中的宝贵经验也为其他三线企业的转型升级提供了有益借鉴。

二、 32111 钻井队：奉献精神与英雄精神的传承

32111 钻井队是三线建设者的杰出代表，是获评全国三线建设时期唯一的国家级先进集体，他们的英雄事迹体现了丰富的精神内涵。本节旨在挖掘 32111 钻井队英雄事迹的精神内涵和当代价值，并站在江津的角度探讨从英雄事迹中汲取奋进力量，奋力推动高质量发展，谱写社会主义现代化建设新篇章的启示。

（一）英勇事迹的回顾

32111 钻井队是四川石油管理局的一个英雄集体。1966 年，他们以不畏艰苦、不怕牺牲的精神，在红村会战中，顽强奋战三个月，快速为国家打了一口产量大、压力高的天然气井——合江塘河一号井。同年 6 月 22 日凌晨 1 点钟，32111 钻井队正在进行投产前的最后一项工作——关井测压。这时，由于气井压力急剧上升，井口出气的一根无缝钢管突然胀破，爆炸声惊天动地。从爆破口喷出的高压天然气流，横穿井场，冲破了钻底下的防爆灯，顿时熊熊大火腾空而起，形成一片宽 10 多米、高 30 多米的火海。60 多米高的钢铁井架 3 分钟便被

烧倒，数十米外的山坡岩石被烧红，周围树木化为木炭，20里外都能听见爆炸声，40里外也可见熊熊火光，柴油机也被熔成铁砣砣，喷射进去的水很快便成沸汤，喷气声震耳欲聋，火光刺得工作人员的眼睛什么也看不清，整个天然气田面临着毁灭的危险。钻井队的工人们赶来了，上塘村的农民们也赶来了，展开了一场肉体与烈火的激烈较量。在现场工作的矿区党委委员、副指挥兼总工程师张仲琨身负重伤，对前去救他的同志说："莫要管我，快关三号闸门。"看守压力表的钻工罗华太、看守二号闸门的钻工王祖明，前仆后继冲上去，他们的衣服着火了，仍坚守岗位，直到停止呼吸。副指导员雷洪炳先后四次冲进火海，被毒气熏倒。共产党员、钻井队司机助手吴仲启率先冲向四号、五号车，欲打开电动开关抽水灭火，不幸被一股从背后喷来的大火袭倒，顿时变成"火人"而壮烈牺牲。司钻王平、副司钻张永庆，奔上去想紧急关上三号、四号闸阀，却在大火中没挣扎几下就倒下了。看着工友们像稻草一样燃烧着倒下，青年工人王有发急得心里直淌血。要知道井口大火不灭，气井就可能爆炸，井下数十吨重的钻具，就会像火箭一样冲向天空，整个气田就会毁于一瞬，不但在场数百名救火群众的生命危在旦夕，还会对气井方圆数公里内人民群众的生命和财产安全造成损失。于是，他和徐光益等10多人顶着一床床湿棉被，义无反顾地再次冲入了火海，向火口堵去。

中共江津县委得知情况后，一边紧急指示当地党委政府组织民兵、群众火速驰援；一边紧急上报，从各地22个医疗单位派出了130多名医护人员，带上最好的医药和医疗器械，翻山越岭，赶赴现场。后续力量源源投入，党员干部带头冲锋。经过30分钟的生死搏斗，终于扑灭了这场冲天大火，保住了这个新开的大气井。在抢险中，张永庆、王祖民、王平、罗华太、吴仲启、邓木全6人牺牲，张仲琨等22人负伤。他们临危不惧，前仆后继，血战烈火，用鲜血和生命保卫了国家的财产和人民的利益，创造了惊天动地的人间奇迹。

（二）英雄精神的彰显

32111钻井队的英勇事迹迅速传遍全国，引起了社会各界的广泛关注和高度赞扬。1966年9月26日，《人民日报》发表《32111英雄钻井队扑灭火海保住大气井》的文章，并刊发《毛泽东思想是革命人民的灵魂》的社论，称这次救火是"伟大毛泽东思想的又一曲响彻云霄的凯歌"。32111钻井队也被誉为"集体的黄继光、集体的邱少云、集体的欧阳海、集体的麦贤得"。新华社、《解放军报》《中国青年报》《工人日报》《四川日报》、中央人民广播电台等全国数十家新闻媒体也同时报道了32111钻井队的英勇事迹。32111钻井队被中国石油工业部命名为“无产阶级革命英雄主义钻井队”，井场被誉为“英雄阵地”。9 月 29 日，32111 钻井队到京职工和石油工业战线上的全体代表在人民大会堂受到周恩来总理的接见，并合影留念。钻井队队员用鲜血和生命保卫了国家财产和人民利益，石油工业部党委授予 32111 钻井队“无产阶级革命英雄主义钻井队”称号，并授予张永庆等 6 名牺牲人员和表现突出的张仲珉、雷洪炳、王存友、王有发、胡德炳、冉树荣、彭家治“石油工业部五好标兵”称号，授予牟茂修“五好家属标兵”称号，授予李治国等 16 人“石油工业部五好职工”称号。其中，27 位职工被命名为“血战火海的 27 勇士”。10 月 1 日，天安门广场举行庆祝中华人民共和国成立 17 周年的盛大集会。32111 钻井队的张仲珉、王有发、彭家治、王存友等 12 人登上天安门参加了国庆典礼，杨成全、代大奎、王明举等 48 人走上了观礼台，王有发在天安门城楼上还受到毛泽东主席的接见。

为宣传 32111 钻井队血战火海的英勇事迹，全国总工会、解放军原总政治部等纷纷下发学习 32111 钻井队的号召；中央新闻纪录电影制片厂于当年摄制了 32111 钻井队英雄事迹报告会；邮电部于 1967 年 3 月 10 日发行了《向 32111 英雄钻井队学习》的邮票；人民出版社出版了《32111 钻井队——伟大毛泽东时代的英雄集体 32111 钻井队的光辉事迹》一书。当时，32111 钻井队的英勇事迹在全国家喻户晓，产生了巨大的影响。1996 年 6 月，泸州气矿在合江县医院附近专门为 32111 钻井队牺牲烈士建墓立碑，以祭英灵。6 月 22 日，32111 英雄钻井队烈士纪念馆建成，成为爱国主义教育基地。

如今，在这个英雄集体的诞生地——重庆市江津区塘河镇上塘村，仍保留着 32111 英雄钻井队旧址，供人们瞻仰。

（三）红色教育基地的建设

32111 钻井队英雄事迹发生于 20 世纪 60～70 年代三线建设的大背景下，虽然三线建设时代已经离我们远去，但 32111 钻井队英雄事迹所反映出的丰富精神内涵，以及“艰苦创业、无私奉献、团结协作、勇于创新”的三线精神却始终与时代发展同步，一直在激励着广大三线地区乃至全国人民积极投身于社会主义现代化建设的伟大实践，具有十分重要的当代价值，具体体现在以下几方面。

有利于教育引导广大党员干部坚定理想信念。共产主义远大理想和中国特色社会主义共同理想，是中国共产党人的精神支柱和政治灵魂。32111 钻井队英雄事迹中渗透着共产主义远大理想和社会主义共同理想的理论光辉，“艰苦创业、无私奉献、团结协作、勇于创新”的三线精神更是饱含着三线建设者浓郁的家国情怀和崇高的集体主义精神，这种精神使全体人民、广大党员干部切实认识到党的领导和社会主义道路的正确性，如果没有党和国家的领导、推动和协调，全国支援三线、共同建设三线是难以实现的，这是社会主义制度优越性的充分体现，同时也使人民群众、党员干部充分认识到，只有坚定共产主义理想信念，坚持中国共产党的领导，坚定社会主义道路，国家和民族才能屹立于世界民族之林，人民才能幸福安康。32111 钻井队英雄事迹及其所映射的三线精神已然是党史、中国史学习的鲜活教材，加强对 32111 钻井队英雄事迹和三线精神的学习能极大提高广大党员干部的理论素养，更加坚定中国共产党的领导，更加坚定为远大理想和共同理想奋斗终身的信念和决心。

有利于教育引导广大干部群众积极践行社会主义核心价值观。32111 钻井队英雄事迹所体现出的宝贵精神，既是三线精神的生动体现，也是中华民族精神的具体体现，更是中国特色社会主义核心价值观的直接映射。结合三线建设的年代背景来看，这种精神是 20 世纪 60 年代前后在中国共产党的领导下，把马克思主义基本原理和我国工业建设和国防建设相结合过程中产生的重要精神形态，是三线劳动人民带着 32111 钻井队英雄事迹的当代价值及启示人民的希望，怀着满腔热血在不求回报的努力奋斗中迸发出来的，这种精神与社会主义核心价值观具有一脉相承的共性基础，对于中华民族伟大复兴、中国梦的实现具有重大作用。弘扬 32111 钻井队英雄事迹和三线精神，就是在新的历史时期要勇于自我革命，要充分发扬三线建设者身上那部分艰苦奋斗的顽强意志和集体观念，激发民族精神和社会主义文化的活力，更好地践行社会主义核心价值观，早日实现中华民族伟大复兴的中国梦。

有助于教育引导党员干部汲取奋进力量，推动国家经济社会高质量发展。在 32111 钻井队的英雄事迹中反映出的三线精神与“井冈山精神”“延安精神”“两弹一星”精神等一脉相承，是中华民族吃苦耐劳、顽强拼搏、自强不息精神的发扬光大，是共产党人精神谱系中浓墨重彩的一笔。这种精神蕴含着对党忠诚、信念坚定、维护核心、服从大局、艰苦奋斗、不怕牺牲等精神内涵，是新时代广大党员干部需要传承和发扬的宝贵精神财富，是新时代广大党员干部锤炼党性修养、开展党性体检的一面“镜子”，是激励广大党员干部忠诚于党、敢于担当、勇于奉献的精神动力。弘扬 32111 钻井队英雄事迹和三线精神，就是要从中汲取奋进力量，推动经济社会高质量发展，奋力谱写社会主义现代化建设新篇章。

习近平总书记指出：“全党全社会要崇尚英雄、学习英雄、关爱英雄，大力弘扬英雄精神，汇聚实现中华民族伟大复兴的磅礴力量。”弘扬英雄精神不能仅停留在表面，更要重视从中汲取发展力量。江津作为 32111 钻井队英雄事迹的发生地，在 20 世纪 60 年代多家军工企业迁入江津，带来了当时的最新技术，建立了江津县域第一批国家专家重点企业，对于江津工业的发展意义深远，也为江津留下了众多三线遗址和宝贵的精神财富。就江津而言，弘扬32111钻井队英雄事迹的宝贵精神，乃至进一步发扬三线精神，不仅在于要深刻领会其当代价值，更在于要在这些精神中找到推动高质量发展的启示和新时代干事创业的行动指南。

"听党指挥、服从大局"是贯穿32111钻井队英雄事迹的主线，是事迹所反映出的重要精神的灵魂，与"艰苦创业、无私奉献、团结协作、勇于创新"的三线精神的内涵高度契合。三线建设时期，钻井队队员们无视个人得失、不顾个人安危，坚决维护核心、听党指挥、服从大局。进入中国特色社会主义新时代，面对新形势、新挑战、新使命、新要求，我们从32111钻井队英雄事迹中得到的一个重要启示，就是要教育引导广大党员干部始终坚定听党话跟党走的政治自觉，旗帜鲜明讲政治，严守政治纪律和政治规矩，不断提高政治判断力、政治领悟力、政治执行力，深刻领悟"两个确立"的决定性意义，增强"四个意识"、坚定"四个自信"、做到"两个维护"，自觉在思想上、政治上、行动上同以习近平同志为核心的党中央保持高度一致。始终坚持以习近平新时代中国特色社会主义思想武装头脑、指导实践、推动工作，切实把习近平总书记的殷殷嘱托落实在江津大地上。

坚定拼搏奉献的价值追求，厚植爱国情怀。习近平总书记强调："拼搏奉献，就是把许党报国、履职尽责作为人生目标，不畏艰险、敢于牺牲，苦干实干、不屈不挠。""一个民族的文明进步，一个国家的发展壮大，需要一代又一代人接力努力。"32111钻井队队员们在三线建设年代为了国家事业无私奉献、顽强拼搏，而在实现中华民族伟大复兴的过程中，仍需要一代又一代人接续奋斗、继续奉献。32111钻井队纪念碑如图3-5所示。

习近平总书记指出："人民就是江山，共产党打江山、守江山，守的是人民的心，为的是让人民过上好日子。"广大党员干部要坚决站稳人民至上的根本立场，坚决维护好人民群众的根本利益，始终保持认真负责的态度，面对危机时敢于挺身而出，敢于斗争、敢于胜利，以担当实干的信心决心积极迎接新的困难挑战，真正做到"无愧于时代、无愧于人民、无愧于历史"。

坚定攻坚克难的雄心壮志，推动高质量发展。高质量发展是时代永恒的主题，是开启全面建设社会主义现代化国家新征程、实现第二个百年奋斗目标的必然要求。江津区是重庆主城都市区同城化发展先行区、西部（重庆）科学城的重要组成部分，是全市的工业大区、制造业强区。江津区正积极向"高质量建设同城化发展先行区，加快建设科技创新基地、内陆开放前沿和陆港型综合物流基地、先进制造业基地、乡村振兴示范地、休闲旅游胜地、宜居城市"的"五地一

图 3-5 32111 钻井队纪念碑

城”目标奋勇前进。推动经济高质量发展是一场关系经济社会全局的深刻变革。习近平总书记强调：“越是伟大的事业，越是充满挑战，越需要知重负重。”全区广大党员干部群众要始终发扬艰苦创业、勇于创新的精神，保持“越是艰险越向前”的英雄气概和“千磨万击还坚劲”的昂扬斗志，聚焦加快建设“五地一城”，迎难而上、聚力攻坚，推动思想再解放、改革再深入、工作再落实，驰而不息、久久为功，全力以赴推动高质量发展，奋力谱写江津社会主义现代化建设新征程、新篇章。

三、生产与保护的共生模式

江津 5057 厂与 32111 钻井队的生产与保护共生模式，是三线建设时期企业发展的重要缩影。一方面，企业通过搬迁和转型升级实现了生产能力的提升和市场竞争力的增强；另一方面，在发展过程中始终不忘保护国家财产和群众安全的社会责任，展现了高度的社会责任感和使命感。

（一）生产与保护的深度融合

在江津 5057 厂与 32111 钻井队的故事中，生产与保护的深度融合体现了一种超越单纯经济利益的价值观。对于 5057 厂而言，搬迁不仅仅是地理位置的改变，更是企业转型升级、技术革新的契机。在搬迁过程中，企业不仅注重生产设备的更新换代，更将环境保护、安全生产等理念融入生产流程之中，确保在提升产能的同时，不对周边环境造成负面影响。这种将生产与保护紧密结合的发展模式，不仅提升了企业的核心竞争力，也为企业的可持续发展奠定了坚实基础。

对于 32111 钻井队而言，保护国家财产和群众安全是其职责所在，也是其英勇事迹的核心所在。在面临灾难时，钻井队队员们的选择不是逃避，而是挺身而出，用实际行动诠释了“舍生忘死、保护国家”的崇高精神。这种精神不仅是对个人勇气的考验，更是对社会责任的担当。通过建设红色教育基地，将 32111 钻井队的英勇事迹传承下去，不仅是对历史的尊重，更是对当代社会的一种启示和激励，提醒人们在追求经济发展的同时，不应忽视对社会责任的承担。

（二）文化传承与精神激励

江津 5057 厂与 32111 钻井队的生产与保护共生模式，还体现在文化传承与精神激励方面。这些企业和团队的历史故事，是三线建设时期无数劳动者艰苦奋斗、无私奉献的缩影。通过深入挖掘和整理这些历史资料，建立纪念馆、展览馆等文化设施，不仅可以为后人提供一个了解历史、缅怀先烈的场所，更可以激发当代人的爱国热情和社会责任感。

同时，这些企业和团队的精神财富也是激励当代人不断前进的重要动力。在面临困难和挑战时，人们可以从中汲取力量，坚定信念，勇往直前。例如，在推动经济转型升级、实现高质量发展的过程中，可以借鉴 5057 厂通过搬迁实现二次创业的经验；在应对自然灾害、保障人民群众生命财产安全时，可以学习 32111 钻井队不畏牺牲、勇于担当的精神。

（三）可持续发展视角下的共生模式

从可持续发展的视角来看，江津 5057 厂与 32111 钻井队的生产与保护共生模式具有重要的现实意义。在当今世界，随着经济的快速发展和人口的不断增长，资源环境压力日益加大，可持续发展已成为全球共识。对于企业和团队而言，要实现可持续发展，就必须在追求经济效益的同时，兼顾社会效益和环境效益。

江津 5057 厂在搬迁过程中注重环境保护和安全生产，体现了对可持续发展的深刻理解和实践。通过采用先进的生产工艺和设备、加强废弃物处理和排放控制等措施，企业在提升产能的同时实现了最大程度上对环境的保护。而 32111 钻井队在面对灾难时勇于担当、保护国家财产和群众安全的行为更是对可持续发展的最高诠释。他们用自己的生命和鲜血守护了生态环境和人民群众的生命安全，为后人留下了一个更加美好的家园。

综上所述，江津 5057 厂与 32111 钻井队的生产与保护共生模式不仅体现了三线建设时期企业和团队的智慧与勇气，更为当代社会提供了宝贵的经验和启示。在未来的发展中，我们应该继续弘扬这种精神，推动生产与保护的深度融合、文化传承与精神激励的相互促进，以及可持续发展战略的实现。

第四章

重庆三线工业遗产开发的时代机遇

锈色新颜

第一节
新质生产力驱动下的转型升级与可持续发展

随着全球科技革命与产业变革的加速推进，新质生产力作为驱动经济社会发展的新引擎，正深刻改变着传统产业的格局与模式。重庆，作为中国西南地区的重要工业基地，其丰富的三线工业遗产不仅是历史的见证，更是新时代产业升级转型的宝贵资源。本章旨在探讨新质生产力如何为重庆三线工业遗产的开发利用提供新机遇，通过技术创新、模式创新、文化创新等多维度分析，阐述其对传统产业升级改造的深远影响，并提出具体的实施路径与策略建议。

在全球化和信息化背景下，传统产业面临着前所未有的挑战与机遇。一方面，资源环境约束加剧、市场需求变化快速、国际竞争加剧等因素迫使传统产业转型升级；另一方面，以人工智能、大数据、云计算、物联网等为代表的新质生产力快速发展，为传统产业注入了新的活力与可能。重庆作为三线建设的重要区域，拥有大量具有历史价值、文化意义和技术潜力的工业遗产，其开发利用成为推动区域产业升级、促进经济高质量发展的关键一环。

新质生产力是指基于现代科技革命和产业变革形成的，以知识、技术、信息、数据等为核心要素，具有高效性、创新性、智能性、绿色性等特点的新型生产力。它涵盖了从生产工具到生产组织方式，从生产要素到生产关系的全方位变革。新质生产力的主要特征为：技术创新引领，新质生产力以技术创新为核心驱动力，不断推动产品、服务、流程和管理模式的创新；融合渗透性强，新质生产力能够深度融合到各个产业领域，促进产业间的跨界融合与协同发展；智能化水平高，通过人工智能、物联网等技术的应用，实现生产过程的自动化、智能化和精准化；绿色可持续发展，强调资源的高效利用和环境的友好保护，推动经济社会的绿色可持续发展。

新质生产力的崛起，为重庆三线工业遗产的开发带来了前所未有的机遇，这些机遇不仅体现在技术层面的革新，更深刻地影响着开发模式、产业融合、文化传承及可持续发展等多个维度，为传统工业遗产的转型升级开辟了广阔空间。

一、技术创新谱写遗产活化新篇章

在全球科技革命与产业变革的浪潮中，技术创新成为推动经济社会发展的关键力量。在文化遗产保护与活化利用领域，技术创新同样发挥着不可替代的作用。重庆作为三线建设的重要基地，拥有丰富的工业遗产资源。通过高精度 3D

扫描技术、虚拟现实（VR）技术、物联网技术等先进手段，这些工业遗产得以焕发新生，成为推动区域经济社会发展的新引擎。下面将深入探讨技术创新如何引领重庆三线工业遗产的活化与利用，以数字化复原与沉浸式体验、物联网智慧管理、模式创新促进产业升级等为核心内容，展示技术创新在遗产活化中的巨大潜力。

1. 数字化复原与沉浸式体验

数字化复原技术，依托高精度3D扫描和虚拟现实（VR）等先进科技手段，为文化遗产的活化利用开辟了全新的路径。在重庆三线工业遗产的活化过程中，该技术被广泛应用于厂房、生产线及历史场景的复原与再现。通过高精度3D扫描，可以获取遗产建筑及设备的三维数据，进而构建出逼真的虚拟模型。而虚拟现实技术则将这些模型转化为可交互的沉浸式体验场景，使游客能够身临其境地感受历史现场。以重庆三线遗址“816工程”为例，该工厂作为三线建设时期的代表性遗产，承载着丰富的历史信息和工业记忆。在活化利用过程中，项目团队首先利用高精度3D扫描技术对厂房、生产线等关键场景进行了全面扫描和数据采集。随后，基于这些数据构建了虚拟三维模型，并通过VR技术实现了沉浸式体验场景的开发。游客在佩戴VR设备后，可以瞬间“穿越”回几十年前的生产车间。他们可以看到工人们忙碌的身影、听到机器轰鸣的声音、感受到紧张而有序的工作氛围。这种身临其境的体验极大地增强了游客的参与感和体验感，使他们对三线建设的历史背景有了更加直观和深刻的理解。通过这种方式，遗产资源得以以更加生动、直观的形式展现在公众面前，从而吸引更多人关注和参与到遗产保护中来。同时，该技术还为遗产的学术研究、教育普及等方面提供了有力支持，推动了遗产价值的深入挖掘和广泛传播。

2. 物联网智慧管理

随着物联网技术的快速发展和普及应用，其在文化遗产保护与管理领域的应用前景日益广阔。物联网技术通过智能感知、识别技术与普适计算等通信感知技术，将各种信息传感设备与互联网结合起来，从而形成一个巨大网络。在重庆三线工业遗产的活化利用过程中，物联网技术可以被广泛应用于园区管理、环境监测和游客服务等方面。在三线工业遗产改造的文化创意园区中，物联网技术被用于构建智慧管理系统。该系统通过智能监控系统、环境监测设备和人流量分析系统等手段，实现对园区内各项数据的实时采集和分析。智能监控系统能够全天候监测园区内的安全状况，及时发现并处理潜在的安全隐患；环境监测设备则用于监测园区内的空气质量、水质状况等环境指标；人流量分析系统则通过统计和分析游客流量数据，为园区管理者提供决策支持。物联网智慧管理系统的引入，一定会为重庆三线工业遗产的活化利用带来显著的优势和成效。一方面，该系统通过实时监控和数据分析，提高了园区管理的精准性和高效性。管理者可以及时了解园区内的各项动态信息，并据此制定科学合理的管理策略。另一方面，该系统还提升了游客的游览体验和服务质量。通过提供个性化、智能化的服务体验，游客可以更加便捷地获取所需信息和服务支持，从而增强了对园区的满意度和忠诚度。

3. 模式创新促进产业升级

文化创意产业集聚的产业升级效应也是推动重庆三线工业遗产产业升级的重要途径。通过改造和利用三线工业遗产区域的空间资源和文化氛围，可以吸引众多设计师、艺术家和创意企业入驻该区域，形成文化创意产业集聚区。这些创意主体利用工业遗产的独特空间和文化元素进行创作和设计，生产出一系列具有地方特色和文化内涵的文化创意产品。这些产品不仅丰富了市场供给和消费者选择，还带动了当地文化产业的发展和升级。在文化创意产业集聚的过程中，政府和企业需要共同发挥作用。政府可以通过制定相关政策和措施来引导和支持文化创意产业的发展；企业则可以通过投资合作等方式积极参与其中并推动产业升级进程。同时，社会各界也应加强合作与交流，共同推动文化创意产业与工业遗产活化利用的融合发展。

技术创新作为推动经济社会发展的新引擎，在文化遗产保护与活化利用领域同样发挥着重要作用。在重庆三线工业遗产的活化利用过程中，数字化复原与沉浸式体验、物联网智慧管理以及模式创新促进产业升级等技术手段的应用，不仅提升了遗产资源的利用价值和社会影响力，还促进了相关产业的融合发展和转型升级。未来，随着科技的不断进步和应用领域的不断拓展，技术创新将继续谱写文化遗产保护与活化利用的新篇章。技术创新是新质生产力的核心驱动力，它不断推动着产品、服务、流程和管理模式的创新。在重庆三线工业遗产的开发中，技术创新的应用不仅提升了遗产的展示效果，还增强了游客的体验感，为遗产的活化利用开辟了新路径。

二、文化创新激发工业遗产时代魅力

在全球化和数字化的时代背景下，文化遗产的保护与活化不再仅仅局限于物质层面的修复与再利用，更需通过文化创新来赋予其新的时代价值与生命力。重庆作为西南地区的重要工业城市，其丰富的三线工业遗产不仅是历史的见证，更是文化创新的重要源泉。下面将深入探讨文化 IP 打造与数字文化传播如何共同激发重庆三线工业遗产的时代魅力，使其成为连接过去与未来的桥梁。

文化 IP（Intellectual Property）作为现代文化产业的核心要素，其成功打造不仅能够显著提升文化产品的市场竞争力，还能有效传播和弘扬特定的文化价值观。在重庆三线工业遗产的活化利用过程中，文化 IP 的打造成了关键一环。

以重庆鹅岭二厂为例，这一曾经辉煌的印钞厂通过精准的文化定位与 IP 打造，成功实现了从废弃工业遗产到热门文化创意园区的华丽转身。鹅岭二厂凭借其独特的印钞文化背景，深入挖掘和提炼印钞元素，设计了一系列富有创意和文化内涵的文创产品。从印钞模具制成的纪念品，到以印钞流程为灵感的艺术装置，每一件产品都承载着厚重的历史记忆与独特的文化韵味。这些文创产品不仅满足了消费者对文化符号的追求，也激发了他们对工业遗产保护的兴趣与关注。此外，鹅岭二厂还定期举办与印钞文化相关的展览和活动，如“印钞工艺展”“印钞机互动体验”等，通过直观展示和互动体验，让游客在轻松愉快的氛围中了解印钞厂的历史变迁与文化价值。这些活动不仅丰富了游客的文化体验，也进一步巩固了鹅岭二厂作为印钞文化 IP 的市场地位。通过文化 IP 的打造，鹅岭二厂不仅成功重塑了自己的文化身份，也带动了周边文化产业的发展。越来越多的设计师、艺术家和创意企业被其独特的文化氛围所吸引，纷纷入驻该区域，形成了集设计、艺术、商业于一体的文化创意产业集聚区。这种集聚效应不仅提升了区域的整体竞争力，也为重庆三线工业遗产的活化利用提供了可借鉴的范例。

在数字化时代，社交媒体和短视频平台等新媒体工具成了文化传播的重要载体。这些平台以其广泛的覆盖范围和强大的传播能力，为重庆三线工业遗产的文化传播提供了前所未有的机遇。一方面，短视频博主们纷纷涌入三线工业遗产区域，通过拍摄和分享自己的探秘经历和文化发现，吸引了大量网友的关注和点赞。这些短视频以其生动直观的画面和富有感染力的解说，成功地将三线工业遗产的独特魅力传递给了更广泛的受众群体。例如，一些博主通过记录自己探访“816 核工程”的经历，向观众展示了这一庞大地下工程的宏伟壮观和深厚历史底蕴，激发了众多网友对三线工业遗产的好奇心和探索欲。另一方面，社交媒体平台也为三线工业遗产的文化传播提供了互动与交流的空间。网友们可以在评论区留言、分享自己的观点和感受，与博主和其他网友进行深入的交流与讨论。这种互动性不仅增强了文化传播的效果和影响力，也促进了文化认同和情感共鸣的形成。

除了短视频平台外，虚拟现实（VR）和增强现实（AR）等数字技术的应用也为三线工业遗产的文化传播开辟了新的途径。通过 VR 技术，游客可以身临其境地体验三线工业遗产的历史场景和生产流程；通过 AR 技术，游客则可以在现实环境中看到叠加的历史信息和文化符号。这些数字技术的应用不仅提升了游客的文化体验质量，也拓宽了工业遗产的传播边界和影响力范围。

文化创新与工业遗产活化的深度融合不仅体现在文化 IP 的打造和数字文化的传播上，更贯穿于工业遗产活化利用的全过程。从规划设计到项目实施再到运营管理，每一个环节都需要充分考虑文化创新的因素和影响。

在规划设计阶段，需要深入挖掘三线工业遗产的历史价值和文化内涵，明确其活化利用的方向和目标。通过文化创新的手法对工业遗产进行改造和再利用，使其既保留历史记忆又符合现代审美和功能需求。例如，在设计文化创意产业园区时，可以借鉴现代艺术和设计理念对旧厂房进行改造升级；在打造工业旅游线路时，可以融入互动体验和科技展示等元素提升游客的参与度和体验感。在项目实施阶段，需要注重文化元素的融入和呈现。通过精心的布局和设计将文化元素巧妙地融入工业遗产的活化利用中，使其成为连接过去与未来的桥梁。例如，在文化创意产品中融入三线工业遗产的历史符号和文化元素；在工业旅游线路中设置具有教育意义的展示点和互动环节等。在运营管理阶段，需要注重文化品牌的建设和推广。通过打造具有辨识度的文化品牌和形象来提升工业遗产的市场竞争力和影响力。同时，还需要加强与媒体、企业和社会各界的合作与交流，共同推动工业遗产的文化传播和品牌建设。

文化创新作为推动工业遗产活化利用的重要动力源泉，其重要性不言而喻。在重庆三线工业遗产的活化利用过程中，通过文化 IP 的打造和数字文化的传播，不仅赋予了这些工业遗产新的时代价值与生命力，也促进了相关产业的融合发展和转型升级。未来随着文化创新手法的不断丰富和数字技术的持续进步，我们有理由相信重庆三线工业遗产的文化魅力将得到更加充分的展现和传承，为城市的文化建设和经济发展贡献新的力量。

三、生态友好与可持续发展的融合路径

在探讨重庆三线工业遗产的再生与可持续发展议题时，生态友好与可持续发展融合的路径不可不关注。这一路径不仅关乎对历史的尊重与传承，更在于如何在现代化进程中，将生态保护、经济发展与社会福祉三者和谐统一，为工业遗产所在地注入新的生命力。以下是对该融合路径的深度剖析与扩展。

重庆三线地区长期的工业生产活动不可避免地对周边环境造成了一定程度的破坏。因此，在活化利用过程中，首要任务便是重视生态保护与修复工作，确保工业遗产的再生不以牺牲环境为代价。具体而言，通过引入先进的生态修复技术，如植被恢复、土壤改良、水体净化等，可以有效改善遗址周边的生态环境，

恢复其自然生态平衡。同时，采用绿色建筑材料进行遗址的修缮与改造，不仅能减少对环境的负面影响，还能提升建筑本身的节能性能与使用寿命，实现长期的生态效益。在此基础上，建设雨水收集系统、太阳能发电系统等环保设施，是实现能源高效利用与废弃物减量化处理的关键举措。雨水收集系统能够有效缓解城市内涝问题，同时收集的水资源可用于绿化灌溉、景观水体补充等，减少了对地下水的开采压力。而太阳能发电系统的应用，则直接降低了对传统化石能源的依赖，减少了温室气体排放，为工业遗产所在地提供了清洁、可持续的能源供应。这些措施的实施，不仅保护了生态环境，还为游客营造了一个舒适、健康的游览环境，提升了工业遗产地的整体吸引力。

三线工业遗产中的废旧厂房，是历史留下的宝贵资源，其独特的建筑风格与空间布局，为文化创意产业的发展提供了得天独厚的条件。通过因地制宜的改造策略，将这些废旧厂房转变为艺术工作室、展览空间等，不仅能够吸引众多艺术家、设计师及文化创意企业入驻，形成创意产业的集聚效应，还能够成为当地文化交流与展示的重要平台，促进文化多样性的发展。这种循环利用的方式，不仅实现了废旧厂房的有效利用与保护，更重要的是，通过艺术与文化的融入，赋予了这些老建筑新的生命与价值，实现了从“废”到“宝”的华丽转身。

在推动重庆三线工业遗产可持续发展的过程中，社区共融与公众参与是不可忽视的重要环节。新质生产力的引入，不仅仅是对物理空间的改造与利用，更是一种社会、经济与环境全面考量的体现。为了实现这一目标，许多项目开始注重与当地社区的深度融合与互动，通过设立“社区共创基金”等机制，鼓励和支持社区居民积极参与到遗产保护、文化传承及创意产业的发展中来。这种共融模式不仅丰富了社区居民的文化生活，提升了他们的生活质量，还促进了地方经济的多元化发展，增强了社区的凝聚力与活力。例如，“816”三线工业遗产改造项目中，通过组织手工艺培训班、文化创意市集等活动，不仅传承了地方特色文化，还为社区居民提供了展示自我、实现经济价值的舞台。同时，这种参与式的发展模式也增强了居民对工业遗产的认同感和保护意识，形成了政府、企业、社区三方共同参与的良好社会氛围，为工业遗产的可持续发展奠定了坚实的社会基础。

在可持续发展理念的指引下，重庆三线工业遗产地开始积极探索绿色经济模式，力求在经济发展与环境保护之间找到最佳平衡点。这包括利用清洁能源（如太阳能、风能）替代传统能源，减少碳排放；推广绿色建筑，提高能源使用效率；实施垃圾分类与回收，促进资源的循环利用。此外，通过发展生态农业、生态旅游等绿色产业，不仅能够有效提升当地的经济效益，还能为游客提供独特的旅游体验，实现经济与环境的双赢。例如，一些三线工业遗产区域可以利用废弃土地种植有机蔬菜，既美化了环境，又为当地居民提供了健康的食品来源，同时，这些有机蔬菜作为旅游商品的一部分，吸引了大量游客前来购买和体验，进一步促进了地方经济的发展。这种绿色经济模式的探索，不仅为工业遗产所在地带来了新的发展机遇，也为其他地区提供了可借鉴的经验。

新质生产力还促进了工业遗产在教育与科研领域的价值挖掘。许多高校和研究机构可以与工业遗产所在地建立紧密的合作关系，共同开展历史研究、文化遗产保护、科技创新等方面的项目。这种合作不仅为学术界提供了丰富的研究资源和案例，也为工业遗产地带来了智力支持和科技支撑。通过教育与科研的深度融合，不仅提升了工业遗产的文化内涵和学术价值，还为当地培养了一批具有创新精神和专业技能的人才队伍，为工业遗产的可持续发展提供了源源不断的人才保障。

综上所述，新质生产力为重庆三线工业遗产的开发带来了前所未有的机遇与挑战。通过技术创新、模式创新、文化创新以及生态与可持续发展的路径探索，不仅实现了工业遗产的保护与传承，还促进了当地经济社会的全面发展。

第二节
国家战略赋能：与供给侧结构性改革的协同推进

在新时代中国经济转型与升级的大背景下，供给侧结构性改革成为推动经济高质量发展的关键路径。这一战略旨在通过优化要素配置、提升供给体系的质量和效率，激发经济增长的内生动力，实现经济结构的优化与升级。而三线工业遗产，作为新中国工业化进程中的重要历史遗产，其丰富的资源禀赋与潜在价值为供给侧结构性改革提供了新的思路与机遇。下面将深入探讨三线工业遗产的活化利用与供给侧结构性改革的内在联系，提出具体的活化利用路径与策略，以期为区域经济发展与产业升级提供有益的参考与借鉴。

供给侧结构性改革是针对我国经济运行中出现的结构性矛盾而提出的重大战略。其核心在于通过调整供给结构、提高供给质量，满足市场需求的变化与升级，从而推动经济持续健康发展。在这一过程中，优化要素配置、激发市场活力、培育新的经济增长点成为关键任务。

一、三线工业遗产在供给侧结构性改革中的角色定位

三线工业遗产作为历史遗留的宝贵资源，具有独特的文化内涵、建筑风貌与产业基础。其活化利用不仅能够有效盘活闲置资产，提升资源利用效率，还能为

区域经济发展注入新的活力与动力。具体而言，三线工业遗产在供给侧结构性改革中扮演着以下几个重要角色。

第一，产业升级的催化剂。通过技术改造与产业升级，三线工业遗产能够引领传统产业向高端化、智能化、绿色化方向发展，提升产业链与价值链的层次与水平。

第二，新兴产业的孵化器。将废弃的厂房、办公楼等转化为文化创意产业园区、科技孵化器或旅游观光点，为高新技术企业和创新团队提供优质的创业环境与服务平台，促进新兴产业的培育与发展。

第三，市场对接的桥梁。加强三线工业遗产与国内外市场的对接，通过品牌塑造、市场拓展等手段，提升其市场竞争力与影响力，推动区域经济的开放与合作。

二、三线工业遗产活化利用的策略构建

产业升级是三线工业遗产活化利用的核心任务。通过技术改造与产业升级，提升三线工业遗产的附加值与竞争力，推动区域经济的转型升级与高质量发展。具体而言，可以采取以下措施。

（1）技术改造与设备升级。针对三线企业原有的技术装备落后、能耗高等问题，加大技术改造与设备升级力度。引进先进的生产设备与工艺技术，提高生产效率与产品质量；同时加强节能减排与环保治理工作，推动绿色发展。

（2）产品创新与品牌塑造。依托三线企业的技术基础与产业优势，加大产品创新与研发力度。开发具有自主知识产权的高新技术产品与服务；同时加强品牌建设与推广工作，提升品牌形象与市场认可度。

（3）产业链延伸与价值链提升。围绕主导产业与核心产品构建完善的产业链体系；加强上下游企业之间的合作与协同；推动产业链向高端化、智能化、绿色化方向发展；同时加强价值链的整合与提升工作，提高产品附加值与产业竞争力。

（4）市场对接。拓展市场空间。市场对接是三线工业遗产活化利用的重要保障。通过加强三线工业遗产与国内外市场的对接与合作，拓展市场空间与销售渠道，提升其市场竞争力与影响力。具体而言，可以采取以下措施：①市场调研与需求分析：深入调研国内外市场需求变化与趋势；了解消费者需求与偏好；为产品开发与市场拓展提供科学依据与方向指导。②品牌塑造与市场推广：加强品牌建设与推广工作；通过广告宣传、公关活动、网络营销等多种手段提升品牌形象与市场知名度；同时积极参加国内外知名展会与交流活动；拓展国内外销售渠道

与客户资源。③国际化合作与交流：加强与国际知名企业、机构之间的合作与交流；引进国际先进技术与管理经验；推动产品与服务走向国际市场；同时积极参与国际竞争与合作；提升国际竞争力与影响力。

在政策层面，政府应发挥主导作用，制定一系列有针对性的政策与措施，为三线工业遗产的活化利用提供强有力的政策引导与扶持。具体策略包括：①制定专项规划。政府应组织相关部门与专家团队，对三线工业遗产进行全面调研与评估，明确其活化利用的方向与目标。在此基础上，制定详细的专项规划，明确活化利用的具体路径、时间表和阶段性任务，为项目实施提供科学指导。②出台优惠政策。为吸引社会资本参与三线工业遗产的活化利用，政府应出台一系列优惠政策，如税收减免、土地优惠、资金补贴等。通过降低投资成本、提高投资回报率，激发社会资本的投资热情与积极性。③加强法律法规建设。完善相关法律法规体系，明确三线工业遗产的产权归属、保护责任与利用方式。建立健全监管机制与处罚措施，防止在活化利用过程中出现违法违规行为，确保三线工业遗产得到有效保护与合理利用。④推动跨部门协作。三线工业遗产的活化利用涉及多个部门与领域，需要政府加强跨部门协作与沟通。通过建立联席会议制度、设立专项工作组等方式，加强政策协调与信息共享，形成工作合力与协同效应。

资金是三线工业遗产活化利用的重要保障。政府应加大财政投入力度，同时鼓励社会资本参与，通过多元化融资渠道解决资金问题。具体策略包括：①设立专项基金。政府可设立三线工业遗产活化利用专项基金，用于支持重点项目的实施与推进。专项基金可通过财政拨款、社会资本募集等方式筹集资金，为项目提供必要的资金支持。②引导社会资本参与。通过政府与社会资本合作（PPP）模式、股权融资、债券发行等方式，引导社会资本参与三线工业遗产的活化利用。通过市场机制引入竞争与合作机制，提高项目运营效率与经济效益。③创新融资方式。积极探索新的融资方式与渠道，如绿色债券、产业基金、资产证券化等。通过创新融资方式降低融资成本与风险，提高融资效率与灵活性。

人才是三线工业遗产活化利用的关键因素。政府应加大人才培养与引进力度，为项目实施提供智力支持与人才保障。具体策略包括：①加强人才培养。依托高校、职业院校等教育机构，加强相关专业人才培养与培训。通过课程设置、实践教学等方式，提高人才培养质量与实践能力。②引进高端人才。通过优惠政策与激励机制吸引国内外高端人才参与三线工业遗产的活化利用。加强与国内外知名专家、学者的交流与合作，引进先进理念与技术方法。③建立人才激励机制。建立健全人才激励机制与评价体系，对在项目实施中做出突出贡献的人才给予表彰与奖励。通过激励机制激发人才创新活力与创造力，推动项目顺利实施与取得实效。

公众参与与社区参与是三线工业遗产活化利用不可或缺的重要环节。政府应加强与公众的沟通与互动，引导公众积极参与项目实施与监督过程。具体策略包括：①加强宣传与教育。通过媒体宣传、公益广告等方式加强三线工业遗产的宣传与教育工作。提高公众对三线工业遗产的认识与了解，增强保护意识与参与意愿。②建立公众参与机制。建立公众参与机制与平台，鼓励公众通过意见征集、听证会等方式参与项目实施过程。及时回应公众关切与诉求，确保项目实施符合公众利益与期望。③促进社区参与。加强与当地社区的沟通与联系，引导社区积极参与三线工业遗产的活化利用工作。通过社区共建共享等方式实现项目与社区的融合发展，增强社区凝聚力与归属感。

可以说，三线工业遗产的活化利用与供给侧结构性改革紧密相连、相互促进。通过科学合理的政策引导、资金支持、人才培养与公众参与等策略措施的实施，可以推动三线工业遗产得到有效保护与合理利用，为区域经济发展与产业升级注入新的活力与动力。

第三节
西部大开发对三线工业遗产活化利用的多维度影响研究

西部大开发政策作为中华人民共和国中央政府的一项重大战略决策，旨在通过利用东部沿海地区的剩余经济发展能力，提高西部地区的经济和社会发展水平，巩固国防。自 2000 年实施以来，该政策不仅促进了西部地区的基础设施建设、经济发展和社会进步，还深刻影响了该地区的文化遗产，尤其是工业遗产的保护与开发。下面将深入探讨西部大开发政策对工业遗产开发的推动作用，从政策背景、实施机制、具体影响及未来展望等方面进行学术阐述。西部地区是我国的战略大后方。近年来，重庆正抢抓共建“一带一路”、新时代西部大开发、成渝地区双城经济圈建设、西部陆海新通道建设等重大战略机遇，加快建设新时代国家战略腹地核心承载区。

在过去，三线建设战略稳妥处理了中国式现代化建设中农业、工业、国防、科技的关系，为中国式现代化建设提供了宝贵的精神财富和人力资源，是中国共产党探索建设中国式现代化的一次重大尝试，不仅深刻改变了西部地区贫穷落后的面貌，促进了西部地区的现代化发展，而且长远影响了中国式现代化的历史进程。可以说，三线建设为国家工业化和中国现代化建设，奠定了重要的物质基础。三线建设在中西部地区建立了大批现代化工业交通企业和设施，初步改变了我国工业布局不合理状况；三线建设建成了比较完整的国防战略后方，构筑了国防现代化基础；三线建设推动了中西部地区的社会现代化进步，促进了偏僻山区和少数民族地区城镇化建设。

我国西部地区随着西部大开发政策的深入实施，工业遗产的开发利用将日益受到重视，而这一过程与三线建设的历史遗产紧密相连。三线建设作为中国共产党探索中国式现代化的一次重大尝试，不仅在中西部地区建立了大批现代化工业交通企业和设施，初步改变了我国工业布局不合理的状况，而且为西部地区留下了丰富的工业遗产资源。这些工业遗产不仅是历史的见证，更是区域文化、经济和社会发展的重要载体。随着西部大开发政策的推进，三线建设时期工业遗产的保护与开发被赋予了新的时代意义。通过科学规划、合理利用和有效保护，这些工业遗产将焕发出新的生机与活力，为西部地区乃至全国的现代化建设贡献新的力量。下面将从三个方面深入探讨西部大开发政策对工业遗产开发的推动作用。

一、高质量发展背景下西部大开发对工业遗产活化利用的基础性构建

习近平总书记在 2024 年 4 月 23 日主持召开的新时代推动西部大开发座谈会上，强调了要一以贯之抓好党中央推动西部大开发政策举措的贯彻落实，这为工业遗产的开发利用提供了更加明确的政策导向。在西部大开发政策实施期间，区域高质量发展为工业遗产的活化利用奠定了坚实的政策环境、经济基础及基础设施条件，从而构成了其进一步开发与利用的基础性框架。

自西部大开发战略实施以来，国家出台了一系列政策措施，推动西部地区经济社会高质量发展。这些政策不仅关注基础设施建设、生态环境保护等方面，还注重文化遗产的保护与利用。在此背景下，工业遗产作为文化遗产的重要组成部分，其开发利用得到了政策层面的支持和保障。西部地区的基础设施建设取得了显著成效。交通、能源、通信等基础设施的不断完善，为工业遗产的活化利用提供了良好的外部条件。游客可以更加便捷地抵达工业遗产所在地，体验工业文化的魅力。同时，基础设施的完善也促进了当地旅游业的发展，为工业遗产的商业化运营创造了有利条件。

西部大开发政策注重生态环境保护与修复工作，推动了西部地区生态环境的持续改善。这不仅有助于保护工业遗产的自然环境背景，还提升了工业遗产的旅游吸引力和文化价值。“在保护中开发，在开发中保护”的理念逐渐深入人心，为工业遗产的可持续发展奠定了基础。

二、工业遗产在西部产业转型升级中的物质空间重塑与转型机遇

在西部地区产业转型升级的宏大叙事中，工业遗产以其独特的地位与价值，扮演着不可或缺的角色。作为区域产业发展历程的实物载体与历史见证，工业遗产不仅承载着丰富的工业记忆与文化价值，更以其独特的建筑风貌与空间结构，为产业结构的优化升级提供了宝贵的物质基础。工业遗产的建筑遗产，如废弃的厂房、车间、设备等，经过精心设计与改造，能够焕发新生，成为文化创意产业、旅游业等新兴业态的孵化器和展示窗口。例如，昔日的工业巨擘转型为现代艺术的工作室集群，不仅保留了建筑的历史韵味，还融入了当代艺术的创新元素，吸引了国内外艺术家与文化创意人才纷至沓来，促进了文化产业的蓬勃发展。这种物质空间的创造性转化，不仅为文化产业提供了独特的物理空间，也推动了文化产业与工业遗产的深度融合，实现了文化价值的再创造与经济效益的双提升。

面对西部地区城市化进程加速与产业结构调整的双重挑战，传统工业企业面临着转型升级的迫切需求。工业遗产的开发利用，为这些企业提供了宝贵的腾挪空间与发展机遇。一方面，通过盘活工业遗产资源，可以吸引新的投资主体与产业项目入驻，为区域经济发展注入新的活力与动力；另一方面，工业遗产的开发还能带动周边地区的经济联动与协同发展，促进产业链的延伸与拓展，实现经济效益与社会效益的和谐统一。此外，工业遗产的开发还促进了就业结构的优化与居民生活质量的提升，为西部地区的社会稳定与可持续发展奠定了坚实基础。

工业遗产在西部产业转型升级中扮演着物质空间重塑者与转型机遇挖掘者的双重角色。其独特的建筑风貌与空间结构为新兴产业的发展提供了物质基础与物理空间；而其深厚的历史文化底蕴与文化价值则为区域经济的多元化发展提供了精神动力与文化支撑。因此，深入探索工业遗产在产业转型升级中的潜力与价值，对于推动西部地区经济社会的高质量发展具有重要意义。

三、大开发战略下工业遗产改造的流量效应与国际化路径的多元化探索

在西部大开发战略的宏观框架下，对外开放水平的提升成为驱动工业遗产改造与升级的关键因素。这一过程不仅限于物理边界的开放，更在于经济、文化、科技等多维度的深度融合。通过深化与国际市场的交流合作，西部地区能够引进国际先进的保护技术、设计理念及管理经验，为工业遗产的改造注入新的活力与创意，显著提升其开发水平和国际竞争力。同时，对外开放策略的有效实施，极大地拓宽了工业遗产的受众范围，吸引了全球范围内的游客、学者及投资者，为

工业遗产的活化利用带来了前所未有的流量效应。这些国际流量的涌入，不仅促进了当地旅游业的繁荣，也为工业遗产的商业化运营和文化传播提供了广阔的舞台。

在大开放战略的推动下，西部地区可积极寻求与国际知名文化机构、旅游企业等建立合作关系，共同开发工业遗产项目。通过引入国际资本、技术与管理经验，推动工业遗产的国际化改造与运营，打造具有全球影响力的文化旅游品牌。具体可从以下几方面着手实施。第一，文化遗产国际交流平台的搭建：利用国际展览、论坛、研讨会等形式，搭建工业遗产保护与利用的国际交流平台，促进国内外专家学者、业界人士的交流与合作，共同探索工业遗产的可持续发展路径。第二，数字化技术的国际应用：借助虚拟现实、增强现实等数字化技术，实现工业遗产的线上展示与互动体验，打破地域限制，吸引全球范围内的受众。第三，通过国际合作研发数字化保护与修复技术，提升工业遗产的保护水平，为国际化传播奠定坚实基础。第四，文化旅游产品的国际化推广：结合西部地区独特的自然风光与民族文化，开发具有地方特色的文化旅游产品，并通过国际旅游市场进行推广。这些产品不仅展现了工业遗产的独特魅力，也促进了西部地区文化产业的国际化发展。

西部大开发政策通过一系列综合措施的实施，为工业遗产的活化利用与国际化发展提供了强有力的政策保障与资源支持。展望未来，随着西部地区对外开放水平的不断提升和区域合作与协同发展的持续深化，西部地区工业遗产的开发利用将迎来更加广阔的发展前景和机遇。通过不断探索国际化路径的多元化构建与潜力挖掘，西部地区将能够在全球文化旅游市场中占据一席之地，为区域经济的可持续发展注入新的动力与活力。

第五章

工业遗产保护利用的国内外经验借鉴与启示

第一节
国际视野：英国曼彻斯特中央车站和德国鲁尔工业区的转型

在工业遗产的保护、修复与功能置换的学术领域内，英国曼彻斯特的中央车站和德国鲁尔工业区是兼具历史深度与当代价值的典型案例。它们不仅是作为工业革命的标志性建筑，见证了工业社会的崛起与转型，而且其本身的演变过程也蕴含了丰富的历史、文化及社会变迁的学术素材，为城市再生、文化记忆重构以及社会经济转型的研究提供了宝贵的案例。

一、英国曼彻斯特中央车站的转型升级

英国曼彻斯特中央车站始建于19世纪，作为曼彻斯特市的重要交通枢纽，它曾连接着城市内外，是商业贸易、文化交流的重要场所。然而，随着20世纪交通方式的变革，特别是铁路和公路交通的快速发展，中央车站逐渐失去了其原有的交通优势。与此同时，城市中心的功能也在悄然转变，商业、文化、娱乐等新兴产业迅速崛起，成为城市发展的新动力。在这种背景下，中央车站逐渐变得陈旧、破败，无法满足现代城市发展的需求。

面对这一困境，曼彻斯特市议会进行了深入的思考和探讨。他们意识到，中央车站作为城市的重要历史遗产，不仅承载着丰富的历史与文化价值，更与城市的发展紧密相连。因此，他们决定对其进行改造，将其转变为一个现代化的会展中心，以适应城市发展的新需求。这一决策不仅体现了对工业遗产的尊重与保护，更彰显了曼彻斯特市对于城市更新的坚定信念和前瞻视野。

在改造过程中，曼彻斯特市充分考虑了中央车站的历史风貌与建筑特色。他们保留了车站的维多利亚式建筑风格，以及巨大的拱形结构和独特的建筑材料。这些元素不仅构成了车站的独特魅力，更成为曼彻斯特市历史与文化的重要象征。同时，通过现代化的设计和装修，使得这座古老的建筑焕发出了新的生机与活力。

改造后的G-MEX会展中心，以其独特的建筑风格和卓越的功能设计，迅速成为曼彻斯特市的新地标。会展中心内部空间宽敞明亮，布局合理，能够满足不同规模和类型的活动的需求。同时，采用先进的设备和技术支持，使得会展中心的运营更加高效、便捷。除了建筑风格的保留与更新外，曼彻斯特市还注重将城市文化融入会展中心的设计之中。他们通过展示板、雕塑和艺术品等形式，将曼彻斯特的历史故事、工业遗产等文化元素巧妙地融入会展中心内

部。这些元素不仅丰富了会展中心的文化内涵，更使得这座建筑成为一个展示曼彻斯特城市文化和历史的重要窗口。在资金投入与技术支持方面，曼彻斯特市同样不遗余力。他们投入了大量的资金用于建筑结构的加固、室内装修、设备更新以及新功能的开发等方面。同时，通过与多家专业机构合作，共同制定了详细的改造方案和施工计划。改造时采用了先进的施工技术和设备，确保了改造工程的顺利进行和质量保障。此外，曼彻斯特市还注重与社区居民的沟通与互动。在改造过程中，他们广泛征求社区居民的意见和建议，充分尊重他们的权益和利益。

改造后的会展中心为当地创造了大量的就业机会和税收收入。同时，会展中心也成了曼彻斯特市与国际交流和合作的重要平台，提高了城市的国际知名度和竞争力。在经济效益方面，G-MEX会展中心的成功改造为曼彻斯特市带来了显著的经济效益。据统计，自改造完成以来，会展中心已经成功举办了数千场各类活动，吸引了数百万名游客和投资者前来参观和交流。这些活动不仅为当地带来了丰厚的经济效益，更促进了当地餐饮、住宿、交通等相关产业的发展。在社会效益方面，G-MEX会展中心的成功改造也带来了积极的社会影响。首先，它提高了城市的文化品位和形象。通过举办各种文化展览和艺术活动，会展中心成为展示曼彻斯特城市文化和历史的重要场所。这些活动不仅丰富了市民的文化生活，更提高了城市的文化品位和形象。其次，它促进了社区的发展和繁荣。通过举办各种社区活动和文化展览等形式，会展中心增强了社区居民的凝聚力和向心力。同时，也为社区居民提供了更多的就业机会和创业机会。在环境可持续性方面，曼彻斯特市同样做出了积极的努力。他们在改造过程中采用了节能材料和先进技术，降低了能源消耗和环境污染。同时，鼓励市民和游客采用绿色出行方式前往会展中心，减少了交通拥堵和空气污染。这些措施不仅有助于保护城市环境，更提高了城市的整体生活质量。

从城市再生理论的视角出发，中央车站的改造是城市功能、社会结构和文化认同的深刻重塑。随着交通技术的进步和城市中心功能的多样化，中央车站逐渐失去了原有的交通枢纽地位，面临着功能失效与物理衰退的双重挑战。在此背景下，曼彻斯特市政府启动了中央车站的改造计划，旨在通过功能置换和文化记忆重构，实现城市空间的复兴和社会经济结构的优化。这一改造不仅旨在挽救一座濒危的历史建筑，更在于探索工业遗产在现代城市中的新角色与价值，以及如何在城市更新过程中平衡历史保护与现代需求，实现文化记忆的连续性与创新性。

曼彻斯特中央车站的改造项目不仅是一次成功的城市再生实践，更是一次深刻的文化记忆重构与社会经济转型。通过这一项目，我们深刻认识到工业遗产在现代城市中的新角色与价值，以及如何在城市更新过程中平衡历史保护与现代需求，实现文化记忆的连续性与创新性。未来，随着全球城市化进程的加速和人们对城市生活品质要求的提高，工业遗产的保护与再利用将成为城市发展的重要议题。希望曼彻斯特中央车站的改造经验能够为重庆乃至世界各地的城市提供有益的启示和借鉴，共同推动城市文化的传承与发展，实现城市的可持续发展。

二、德国鲁尔工业区的转型升级

1. 鲁尔工业区的发展概述

鲁尔区位于德国西部北威州的中心区域，莱茵河下游支流鲁尔河蜿蜒流淌，好似一根波光粼粼的丝带贯穿其间，鲁尔区也因此得名。全区人口 580 万，约占德国总人口的 7%，人口密度则是整个德国平均水平的 5 倍。密集而相互交错的工业、住宅、交通等网络沿鲁尔河谷连接成片，形成由多座大中型城市组成的鲁尔都市集群。鲁尔区人口稠密、经济发达、文化灿烂、群星闪耀、蔚为壮观，其经济、社会、文化特质在德国乃至欧洲独树一帜，德国杜伊斯堡现状如图 5-1 所示。

图 5-1 德国杜伊斯堡现状

与英国曼彻斯特中央车站不同，从区位看，鲁尔区堪称“上帝的宠儿”。其处于东西欧往来的“圣路”，也是北欧通向中欧、南欧的捷径之上，成为了欧洲当之无愧的十字路口。在近代资本主义的发展中，鲁尔区又位于欧洲经济发达的“金三角”内：西边与法、荷、比、卢工业区呼应，北边与丹麦以及瑞典南部工业区相距不远，东北邻近德国下萨克森经济重心区；南面毗邻莱茵河下游科隆—杜塞尔多夫工业区。从资源分布看，鲁尔区拥有丰富的煤炭资源，在大规模开采前，地质储量为2190亿吨，占德国总储量的75%，其中可采储量为220亿吨，占德国总储量的90%。除矿产资源外，鲁尔区水陆交通也十分便利。特别是莱茵河通海航运，使得它与沿海地区一样具有廉价运费的条件。

地处鲁尔河和莱茵河汇合处的杜伊斯堡港鲁尔区进入工业文明高速发展快车道后的历史进程大致分为以下几个时期。

第一阶段，初现峥嵘时期。19世纪上半叶，鲁尔区开始大规模开采煤矿和生产钢铁，并凭借独特的资源禀赋和良好的区位条件，迅速发展成为以煤钢等重工业为核心产业的全球最大的传统工业区之一。随着经济的发展，这里出现了欧洲历史最悠久的城镇集聚区，形成了多特蒙德、埃森、杜伊斯堡等著名工业城市。第二次世界大战时期，鲁尔区的重工业一度成为纳粹德国发动战争的物质基础。

第二阶段，兴盛繁荣时期。第二次世界大战以后，由于石油消费量的增加，鲁尔区炼油业和石化业也迅速发展起来。其后，电气、电子产业也有了较大发展。鲁尔区在最兴盛的时期一度占据全德工业产值的40%，硬煤产量的80%，焦炭产量的90%，集中了全德钢铁产能的2/3，电子、化工、炼油、军事工业等均在全国名列前茅，成为德国当之无愧的“工业引擎”。

第三阶段，陷入衰退时期。鲁尔区的飞速发展是一把双刃剑，在经济快速增长的同时，也带来了严重的环境问题。鲁尔区的工业生产长期局限于煤炭、电子、钢铁、机械、化工等传统工业部门。20世纪50年代后期开始，煤炭在世界能源消费构成中的比重逐渐降低，技术的发展使炼钢的耗煤量逐渐减少，鲁尔区的煤炭产量也由此减少。同时世界钢铁生产国和出口国日益增加，钢铁市场的国际竞争日趋激烈。20世纪70年代，全球经济危机和钢铁替代品的广泛应用令世界钢铁市场需求急剧下降。于是鲁尔区的经济衰退如同山崩海啸般不可避免地到来，导致一些大型炼钢联合企业关闭、大量工人失业。此外，重化工业集聚带来的环境污染、用地紧张、交通拥挤等问题，迫使许多企业向德国南部转移，这使得鲁尔区一度辉煌的工业发展难以为继。从20世纪80年代中期开始，鲁尔区的重工业基地开始退出历史舞台，这之后，经济结构转型带动了第三产业的发展，重工业造成的环境污染问题得到了集中处理，区域空间结构逐渐发生变化。自20世纪90年代以来，该地区的空间结构逐渐发生变化。越来越多的工业生产功能被服务业、教育科研机构、文化设施和住宅等混合功能所取代，大型工业用地开始向新兴城市空间转型。工业用地的改造和再利用成为该地区经济和文化发展的新动力。

2. 德国鲁尔工业区的保护和再利用价值与策略

从20世纪60年代开始，鲁尔区开始进行工业结构和布局调整、发展第三产业和优化生态环境等方面的综合整治。这是一个伴随着脱胎换骨式疼痛的漫长而曲折的成长过程，大致分为三个阶段。

第一阶段，保守观望、动力不足阶段（20世纪60～70年代）。面对经济衰退，鲁尔区最初采取防守战略，在力保传统经济结构的基础上仅进行微调，地方政府主要采取矿区整改、价格补贴、税收优惠等措施扶持和改造煤钢行业，继续给“夕阳产业”输血。不少大型重工业企业认为，传统工业衰退只是周期现象而非结构性趋势，转型内生动力普遍缺失。出于路径依赖、退出成本高等原因，曼内斯曼、克虏伯等区内龙头企业试图通过继续投资煤钢板块、扩大规模、提高生产水平等手段提升竞争力。基于陈旧的工业改造思路，加之受到传统产业、地方利益集团等保守势力的影响，转型创新之路推进缓慢、成效不彰。

第二阶段，痛下决心、蜕皮破茧阶段（20世纪80～90年代）。随着《鲁尔行动计划》（1979年）、“矿冶地区未来动议”（1989年）等措施相继出台，鲁尔区进入大力培育新兴产业的转型发展阶段。政府通过补贴等优惠政策吸引环保、新材料、信息技术、生物医药等领域新兴企业在当地落户，多地大力发展工业旅游、法律咨询、广告、多媒体等文创和服务型产业。20世纪80年代中期起，北威州政府逐步将政策重点从吸引投资转移到推动创新。RAG集团、蒂森、克虏伯等大型企业开始在环保领域发力并取得良好业绩。随着结构调整向纵深发展，鲁尔区同时加大对工业遗产开发和生态治理的投入，在区域内精心打造包含埃森关税同盟煤矿博物馆、红点设计博物馆、杜伊斯堡北景观公园、奥伯豪森巨型储气罐等著名工业旅游景点的“工业文化之旅”，创造“从矿山到公园”的工业遗产保护和再利用模式。

第三阶段，创新发展、百花齐放阶段（21世纪以来）。进入21世纪，鲁尔都市区各城市因地制宜，激发内生动力，逐渐形成各具特色的产业格局。杜伊斯堡发挥其港口优势，打造欧洲首屈一指的物流贸易集散中心，日渐成为“一带一路”建设及中欧班列在欧洲西部的重要交通枢纽。埃森凭借其丰富的森林和水资源、工业文化遗存，成为休闲和服务业龙头，当选2010年“欧洲文化首都”和2017年“欧洲绿色首都”。多特蒙德依托高校和科研机构大力发展软件业。

鲁尔工业区改造工程主要采取了以下三项措施。

（1）政府设立专门领导机构，负责制定区域总体规划、经济结构调整政策、项目审批、财政资助等事宜。1920年5月成立的鲁尔煤管区开发协会，是鲁尔区最高规划机构。这一规划机构的职能和权限随着区域的发展一再扩大，现已成为区域规划的联合机构（KVR）——州联邦的权力部门。针对鲁尔区存在的问题，协会于1960年提出了鲁尔区总体发展规划，作为法令要求全区严格遵守执行。

（2）全面制定地区发展、综合整治与振兴规划。为实现多目标的区域综合整治与振兴，鲁尔煤管区开发协会于1989年制定了一个为期10年的国际建筑业发展计划（简称IBA）。该计划面向鲁尔地区北部800平方公里范围内的有17座城市的工业景观最密集、环境污染最严重、衰退程度最高的埃姆舍尔（Emscher）地区，因此又称为埃姆舍尔公园模式。它属于一个由区域综合整治计划所带动的区域性统一开发模式，又称为区域性一体化模式。其内容包括工业结构转型、旧工业建筑和废弃地的改造及重新利用、当地的自然和生态环境的恢复以及就业和住房等社会经济问题的解决等。

（3）资源高度整合，开发模式多元化，推行积极的市场策略。做好现有资源的综合开发，如废工厂改造为主题性展馆；厂房起重架的高墙及煤渣堆被改造成阿尔卑斯山攀岩训练场；旧的炼钢厂冷却池变成潜水训练基地及水底救难训练场；原来废墟中的特殊植物群也被保留作为生态教室等。民间自发的组织包括很多的社团，当年的工厂员工、专业和业余的历史研究者、生态爱好者、现在的市民等，对改造工作给予了许多关注并积极参与其中。IBA的设计里，除了给予政府一个全新的角色定位——提出一个持续经营的价值诉求外，还要设计一个让政府的投入可以全力支持民间承载的机制，配合弹性的法令规章，引导民众共同来创造新的产业前景。整个IBA的计划其实是透过一个设计的创意和实践的机制来达成的。这个计划的特色是，它虽然名为“建筑博览会”，但绝非只是一个单纯为建筑形式或技术表现所规划的竞赛场，它的诉求的也不仅是在解决产业振兴、环境再造等问题，更重要的是要透过一套政府与民间合作的全新模式，结合政府、民间团体和专业团队的力量，带动公私部门投资，以及包括居民参与的各种社会力量的投入，整体性地改造城市风貌，并寻求持续发展的可能。对于北杜伊斯堡公园这样一个区域性、持续性的综合整治与复兴命题，仅仅依靠建筑学和城市规划专业的研究是远远不够的。政治因素、社会因素、经济因素和运作实施的可行性，包括对于先前场地的环境整治、合适项目的选择、政府部门的远见、社会各界的关注和公众参与、投入和产出的综合平衡等，在工业产业建筑和地段的适应性改造、再利用中往往起到非常关键的作用。

近年来，鲁尔区围绕两大重点领域持续强化转型“后劲”。第一个重点领域是数字化转型。近年来北威州信息基础设施建设水平位居德国前列，已成为信息技术企业在德国的重要聚集地和数字化小微企业孵化地；多特蒙德大学信息安全数字化相关专业的实力在德国高校名列前茅；各地政府电子政务、信息公开建设成效显著。第二个重点领域是积极扩大投资发挥区位优势。硬件方面，水陆空多式联运网络不断完善，建成德国最稠密的高速公路和轨道交通网。软件方面，高校和研究机构密集，高素质劳动力资源丰富。各地还竞相打造富有特色的“欢迎文化”，多地政府下设经济和投资促进机构，为拟赴当地投资企业提供一站式咨询服务，在北威州投资兴业的中国企业约有1200家，占在德中国企业总数的半壁江山。在英国《金融时报》发布的“欧洲未来城市与地区”年度排名中，北威州不止一次凭借其强大的吸引外资能力荣登榜首。同时也要看到，鲁尔区的转型升级仍处于“进行时”，仍面临一些结构性瓶颈。如失业率多年来超过10%，明显高于德国平均水平；区域内超过1/5的人口仍面临陷入贫困的威胁，是德国西部就业和贫困形势最为严峻的地区之一。此外，经济增长新动力不足等问题依然难解，鲁尔区实现经济持续发展依然任重道远。总体来看，鲁尔区的发展演进史正是这样一部“地理环境”与“历史人文”因素共同作用下的鲜活生动的工业文明史。

三、以国际视野看待国内老工业基地的改造与振兴

第一，在老工业遗迹景观改造过程中，必须始终注重生态环境的保护与治理，并通过调整经济结构使自然与环境达到协调统一。加强环境治理和工业遗迹适度地开发利用。鲁尔工业区改造的生态原则体现在：基地的材料（红砖、焦炭、矿渣、铁板等）同时作为建筑材料和植物生长的媒介加以循环利用；水的循环利用，包括污水处理，雨水收集；最大限度地保留了工厂的历史信息；最大限度地减少对新材料的需求，减少对生产材料所需的能源的索取；对当地生态系统的改进，园区植被是优良的本地品种（白桦树和柳树）和外来品种的有机混合；加强土地资源管理，控制建设用地增长速度，加强老城区和废弃工业用地的开发整理，注重建设用地的多功能综合开发；支持矿山废弃地、重度污染地的土地整理和再利用。

第二，对工业遗迹进行保护的同时也为本地区提供城市公共服务设施及营造公共交往的空间，使工业遗迹在新时期以新的表现形式、新的功能继续运作并持续发展。对工业遗迹的再利用有利于实现可持续发展路径，能够在衰退地区的经济振兴中发挥重要作用；通过产业用地的再利用，保持地区活力，可以给社区居民提供长期持续的就业机会和心理上的稳定感。所以，除非该遗迹地具有特殊的、突出的历史意义，一般情况下允许对工业遗迹地进行审慎适度的改造和再利用。但是需要注意的是：一方面要保护工业遗址，

避免大量有价值的厂房、设施被拆除；另一方面要因地制宜，对工业遗迹可按创意文化产业模式、博物馆模式、公共休闲和景观公园开发模式、购物旅游相结合的综合开发模式，进行适度的改造利用，重新注入新的功能，改变建筑性质。

第三，“系统性思维”。鲁尔区转型的底层逻辑，我们可以称其为“系统性思维”。首先是发展主轴，鲁尔区转型秉持的是“经济、生态、社会、民生”协调发展的理念，不偏废其中任何方面；其次是配套工程，在完善体制机制、创新发展模式、推动协同发展、提升教育科研水平、保障民生等方面综合发力，形成一个完整的系统。比如，在体制机制方面，出台系列发展纲要、行动计划、未来动议；在欧盟、联邦、北威州各层级对煤钢行业改造提供专项资金补贴。在促进生物技术、信息、环保等产业发展方面，提供土地政策、贷款利息等优惠政策，简化行政审批手续，为企业在税费上松绑减负。在传统产业改造方面，坚决淘汰落后产能，自 20 世纪 60 年代起，开始推行兼并重组，对传统行业进行集中化、精减化改造，对缺乏市场竞争力企业明确关停时间表；合并重组钢铁拳头企业，提升行业核心竞争力，做到“人无我有，人有我优”。区内两大钢铁巨头蒂森和克虏伯于 1999 年强强联手，加大研发以保持高科技含量的特种钢生产技术领先地位。在新兴产业创新发展方面，加大对中小企业技术创新的资助力度，反对垄断、鼓励竞争，保持和扶持中小企业创新发展；成立“初创企业中心”，为创业者提供一站式服务，为中小企业进行人才培养；设立初创企业基金，评选“初创企业奖”，支持新兴产业发展壮大；大力支持文化创意、数字化领域初创企业，培育新业态企业生力军。构建产学研一体化体系，各高校均设有“技术转化中心”，形成从技术到市场的应用体系。在绿色发展方面，注重以绿色转型为契机促进环保产业发展，加强废弃矿区受污染地表的生态修复，推进城市园林绿化建设，提高空气质量；坚持区域一体原则，统筹推进小生态与大环境协同建设，如进行河流生态系统整治时，各城市相互协作治理流经支流，确保汇入主河道时水体已被净化。另外，在环境治理过程中逐渐壮大的环保企业、研究机构形成集聚效应，成为德国环保和新能源产学研高地。在发挥政府、企业、工会、行业协会等经济活动参与者各自作用方面，从 20 世纪 80 年代末起，由企业和非政府协会发起的转型计划不断增多，如民间力量于 1989 年发起成立的“鲁尔倡议集团”，提出“创新城市鲁尔区”计划，为城市转型带来实实在在的企业项目和资金；政府则更多扮演“放牧”角色，形成有利于激发市场内在活力的发展新体制，打造跨界联动机制和政企研伙伴关系；转型过程中，商会、行业协会等组织在制定产业政策、促进对外合作、帮助企业争取政府资金、组织培训等方面发挥重要作用；各地还充分利用工会力量，与企业共商对策，解决劳资矛盾，达成改革共识，发挥了社会“黏合剂”的作用。在民生保障方面，发挥各级政府、企业、社会组织优势，构建再就业培训体系，建立大型职业培训学院，提高下岗职工再就业能力；结合工业遗产旅游项目发展文创、服务型企业，就地安置下岗职工。据不完全统计，1980～2000年的20年间，区内有100万名制造业从业者转岗再就业，仅服务业新增岗位就达到30万个。

历史上，从来没有哪一个国家的经验能被他国全盘复制，并取得成功。这是为什么？鲁尔区转型是一个在政治、经济、社会、生态、民生、科技、时代、不同诉求利益群体等复杂条件下进行的，各联结要素之间相互作用、相互影响、相互制约的深刻互动过程。这些联结要素的条件是特定的，离不开鲁尔区特有的时间、空间、历史、地理、自然、人文特点。

因此，不同的老工业区之间并没有直接的可比性，时间、空间、要素、禀赋这些条件差异很大。即使是成功的经验，依然不能简单原样照搬，否则就容易出现“南橘”变“北枳”的水土不服，引发“刻舟求剑”、求而不得的结果。所以，在转型发展这件事上，除了政治意愿、治理能力，建立在“系统化思维”基础上的精准发展的理念、实事求是的决策、因地制宜的自我发展道路是关键。

第二节
国内实践：重庆鹅岭二厂和贵州六盘水煤炭基地的活化利用

一、重庆鹅岭二厂文创公园的活化利用

重庆市鹅岭二厂文创公园（以下简称鹅岭二厂），英文名称为“TESTBED2”。鹅岭二厂地处重庆市渝中区鹅岭正街1号，建筑面积约30000m^2，是通过整体改造原有的印制二厂鹅岭厂区而打造的特色文创商业园区。

1. 鹅岭二厂的历史沿革与活化现状

鹅岭二厂内斑驳的建筑外墙上有一块生锈的标示牌，写着“民国中央银行印钞厂旧址·1940”。在很长一段时间内，印制二厂都担负着印制钞票和证券的重任。20世纪70年代，印制二厂发展盛极一时，几乎垄断了整个西南地区的所有彩色印刷。中华人民共和国成立后印制二厂的工作场景如图5-2所示。即便是如

此辉煌的印制二厂也难逃时间的考量。随着时间的推移，城市的发展愈发迅速，高耗能、高污染企业逐渐外迁，印制二厂也逐步失去了昔日的繁荣与光彩。2012年印制二厂实施环保关停，印刷厂整体搬迁，结束了鹅岭的印刷业务。各种印刷机器基本上被搬空，只剩空落落的厂房经历着岁月的洗礼。

图 5-2　中华人民共和国成立后的印制二厂工作场景

时间仍在不停地流逝，曾经的印制二厂的建筑渐渐破败，垃圾也多了起来，一切建筑都仿佛被遗忘了，被随之遗忘的还有其长达半个多世纪的风光。2014年是这个有着多年历史的印刷厂再次开始新征程的转折之年，在一次次地协商之后，这个老厂终于开始被提上了活化的日程。在经过一系列的活化设计之后，原印制二厂终于被改造成为我们现在所看到的独具魅力的“TESTBED2 贰厂”。

重庆拥有独特的地理环境和人文历史。这里有高低起伏的丘陵和山地，有蜿蜒流淌的长江和嘉陵江水；有香鲜热辣的火锅风味，有复杂多元的交通网络；有缓慢悠闲的生活节奏，有热情似火的朴实居民。这里既传统又现代，从古至今，各式各样的重庆故事与这座城的自然景观、魔幻建筑、文化氛围共同见证了这座城市的沧海桑田，成就了重庆这个动人的城市。重庆许多的自然和人文景观都得到很好的留存和保护。

2. 活化过程中的难点与经验总结

找场地、谈租约是鹅岭二厂建设初期最大的难题。最初找场地的时候，印制二厂的厂房十分破旧，并已以较低的价格租给物流公司做仓库。后因环保指标不达标，物流公司整体搬迁到了另外一个地方继续生产，老厂区因此闲置。经过反复磋商之后决定签约印制二厂老厂区作为鹅岭二厂选址地。另外，印制二厂作为一个老工业厂区，如果要改为商用，不管是硬件、软件还是政策法规方面都存在一些障碍。鹅岭二厂负责人表示最初选址时的想法是建设一个大的厂房用来放自己从艺术机构收藏的一些艺术品。但是当看到印制二厂旧厂区之后，其萌生了将这里打造成一个有趣的、能够实现再生的、变成另外用途的、更具公共性质的场域。2014 年是项目准备期，鹅岭二厂主要负责人带领团队在做一些初步的策划，以及基于这种策划和业主进行关于租约的沟通洽商。2014 年末签订租约，2015 年整个改造项目动工，2016 年开始做细化的设计策划，并邀请威廉·艾尔索普（Will Alsop）及其团队参与到鹅岭二厂的设计工作中，之后开始进行实际的建设施工。鹅岭二厂于 2016 年进行试营业，2017 年正式对外开放。鹅岭二厂创意园区现状如图 5-3 所示。

图 5-3　鹅岭二厂创意园区现状

对于重庆来说，可利用的土地资源本身就十分有限，老旧建筑的活化利用，自然而然便成为重庆开展城市更新的一个必然选择。重庆市政府及重庆市渝中区政府大力支持老旧建筑的活化和发展空间盘活，为鹅岭二厂的顺利建设提供了政策保障。除了政策上照顾、行动上帮扶之外，鹅岭二厂还被重庆市渝中区委统战部确定为渝中区新的社会阶层人士实践创新基地和渝中区留学人员创业创新基地。2017 年，鹅岭二厂被列入重庆市第四批市级文化产业示范园区。政府的政策引导和支持为重庆市各类文创公园、工业博物馆、工业旅游基地的活化发展提供了强有力的支撑和引领作用。

当今时代，超大体量、超广范围、超快速度的大数据正在为人类生产生活的发展进步助力。关于大数据的定义，学界尚未有统一的界定，但大数据显示出的价值和广阔的发展前景不言而喻。在大数据时代，科学合理地利用这个庞大的资源，挖掘它的价值，可以为工业遗产的活化注入强大的能量。利用大数据可以挖掘出工业遗产更多发展视角并加以呈现，还可以对其进行数字化的记录和展示，为其保护利用提供数据支持，巩固来之不易的发展成果。满足大众个性化和多样化需求，促进业态的发展与工业遗产活化的深度融合，可以通过建立数据模型对消费者的行为进行分析，以数据为园区未来的发展规划的制定提供依据。合理利用客流量、园区商业收入、游客反馈等数据，及时发展、改革创新，优化园区内的设计和服务。加入大数据的思维，在保证决策的科学性和竞争的优势性的基础上，为鹅岭二厂发展中遇到的问题提出合理的解决方案。除此之外，海量的数据能够反映客观、准确的现实情况，为投资者提供更加安全可靠的投资环境。

3. 鹅岭二厂对当下工业遗产活化利用的启示

工业遗产的活化利用，常被认为等同于建设文化创意产业园。实质上，其可以看作是对工业遗产资源进行功能置换。在继承中发展全新的业态和功能，实现功能的转换。鹅岭二厂的业态主要有手作市集、饮品餐吧、日用精品、展演剧场、展示发布中心、博物馆、艺术展馆、艺术酒店等。各种现代化技术的不断更新也为新业态和鹅岭二厂的发展带来了新机遇、新方案。

目前，大多数游客是因为之前展出的一些 IP 来到鹅岭二厂打卡，其主要游览形式是拍照、购物、用餐等，活动单一且无法满足体验式、沉浸式的多层次旅游需求。在调查中，52.9%的游客表示在游览的过程中基本无法感受到互动，仅是散步式游览而非沉浸式体验；32.26%的游客认为鹅岭二厂的文创产品质量不高，创新度不高，许多奔着文创业而来的游客反而没有得到很好的体验；还有一些游客认为鹅岭二厂本身并没有可圈可点的独立文创设计产品，甚至将其冠以“伪文艺”的名号。通俗来讲，在鹅岭二厂发展初期，它的品牌核心价值并没有得到恰当地体现，除去电影带来的噱头，鹅岭二厂本身的知名度并不高。其周边产品的研发、线上宣传等活动中都缺乏一定的灵感，因此无法使消费者产生共鸣，难以把品牌的营销价值挖掘出来。

在新业态的语境中，工业遗产活化要更注意创新发展路径。通过鹅岭二厂的业态发展进行分析，对其发展过程中的复合性和动态性加以分析，找出发展过程中起重要作用的相关因素。通过实地考察和整体剖析，指出鹅岭二厂发展中存在的主要问题，并提出合理的解决方案加以创新。值得注意的是，新业态的出现并不一定要取代传统业态，而是立足于传统之上的推陈出新，是对整个发展生态圈的业态补充和拓展。大数据等科技因素助力了新业态的发展，成渝双城互动等全新探索也为鹅岭二厂的品牌打造和营销策略带来了全新的视角。可以说新业态与工业遗产活化之间的关系是互相促进的。

二、贵州六盘水煤炭基地的演变与发展

1. 六盘水煤炭基地的发展历程与地位探析

六盘水市位于贵州省西部，为贵州省下辖地级市，总面积为9914平方公里。截至2023年，市辖六枝特区，盘州市和水城区，常住人口301.67万。六盘水气候为亚热带季风湿润气候区，夏无酷暑、冬无严寒，年平均气温为12.3～15.2℃，有“中国凉都”的美誉。六盘水市地处黔西乌蒙山区，是滇、黔两省交界结合部，东邻安顺市、南连黔西南布依族苗族自治州、西接云南省曲靖市、北毗毕节市，大地构造属扬子准地台上扬子台褶带，有着十分丰富的矿产资源。现已发现的主要矿产资源有煤、铁、铅、锌、石灰石等20多种金属和非金属矿，其中煤炭资源得天独厚，且分布广、储量大、种类全、埋藏浅，因此六盘水市也被誉为“江南煤城”。六盘水煤炭基地现状如图5-4所示。

图5-4 六盘水煤炭基地现状

1964年，根据“三线建设”和“备战备荒”的需要，国家决定建设与四川攀枝花钢铁基地相配套的六盘水煤炭基地。1964年9月，中华人民共和国煤炭工业部（简称煤炭工业部）决定从全国各地成建制抽调建设队伍进入六盘水。一年多的时间，从全国15个省、25个矿务局抽调了28个工程处（含新组建）、8

个地质勘探队到六盘水参加煤炭基地建设工作。一时间“千军万马”云集六盘水，在阴雨连绵、寒气逼人、露天食宿、“干打垒”工棚的极其困难的条件下，数万名工作人员投入到了这场惊天动地的“大会战”中，并在较短的时间内，将六盘水煤矿建设成为一个初具规模的新型矿区。

六盘水地区的煤炭开采历史悠久，但由于过去经济投入乏力、交通不畅、技术落后等缘由，在新中国成立初期并没有形成规模。1958 年 2 月，煤炭工业部与贵州省曾共同商定过开发六枝和水城煤田；但在三年困难时期，大部分工程都停止了建设。直到 1964 年，中央确定以六盘水地区为重点建设三线煤炭基地，以便与攀枝花钢铁基地建设配套，这才产生了与之相适应的组织构架。

早在春秋战国时期，乌蒙山区的土著居民们就开始自发地就近获取一种“黑土”资源用来做饭和取暖。明永乐十六年（1418 年），盘州市有一部名为《普安州志》的著作曾记载过“窗映松脂火，炉飞石炭煤”这样的名句。这就是六盘水乃至贵州境内最早的有关煤炭的记载。清光绪二十年（1894 年），在郎岱厅六枝凉水井开办有煤矿，占地数十亩，开采者数十人。民国十八年（1929 年），地质学家乐森璕（xún）在其编著的《贵州西部地质矿产》中就较为详细地介绍了郎岱黑拉孔等处的地质情况。民国二十九年（1940 年），《贵州省主要各县每月煤矿产量及最近市场调查表》中，就有盘州市每月平均产煤 250 吨的表述。1949 年 11 月，为了满足当地民需，六枝、盘县、水城各县的小煤窑纷纷开启了年产几千吨、上万吨的煤炭生产和供给业务。据相关部门统计，1953 年，六枝、盘县和水城共计生产原煤为 3 万吨。

三线建设前，煤炭工业部同贵州省共同商定了六盘水地区的煤炭开发事宜。当时贵州省的煤炭资源虽然非常丰富，但毕竟地处西部地区，属经济欠发达地区之一。为了帮助贵州省发展经济，1958 年 2 月，煤炭工业部同贵州省委就贵州煤炭资源开发事宜达成共识：由煤炭工业部负责抽调技术、业务干部及人员来黔，先行开发六枝、水城煤田；部省定调后，随即在六枝成立六枝矿务局和水城建井工程处等单位。六枝煤田总设计生产能力为年产原煤 300 万吨，并开工了 10 对矿井。与此同时成立的水城建井工程处也承担了王家寨、周家湾矿井的施工任务。1959～1960 年，3 个洗煤厂也相继开工建设，设计年入洗原煤 90 万吨。然而到了 1961 年，为了贯彻“调整、巩固、充实、提高”的八字方针，六枝矿井、地宗矿井、矿山机械厂、地宗铁路专线、六枝电厂全部缓建，茅家寨、龙潭口、四角田、倒马坎、邓家寨、猫猫洞矿井全部停建，同时撤销了六枝矿务局。

为了与攀枝花钢铁基地配套建设，1964 年国家重启了六盘水煤炭基地建设计划。1964 年，为直面错综复杂的国际形势，党中央认真吸取了中国抗日战争和苏联卫国战争的经验教训，决定痛下决心建立起中国自己的面对未来战争的战略腹地，因此展开了投资总额为 2065 亿元的轰轰烈烈的三线建设工作。国家三线建设的原则及建设与四川攀枝花钢铁基地相配套的六盘水煤炭基地的决定下达之后，于 1964 年 7 月底，中共中央西南局和国家计委在四川西昌召开了三线建设长远规划工作会议，史称“西昌会议”。该会议主要讨论了四个方面的内容，其中之一就是“以六盘水为中心的西南煤炭基地的建设工作”。为了满足三线建设的需要，煤炭工业部在中央的统一安排部署下，积极主动开展工作。

1964 年 11 月 30 日，国家煤炭工业部发出了《关于成立西南煤矿建设指挥部的通知》，并在六枝县下营盘，设立了代号叫作“大华农场”的西南煤矿建设指挥部，统一对贵州省六枝、水城、盘县、云南省的宅鼎山、四川省珙县的芙蓉山五个矿区指挥部以及云南、贵州两省的煤管局和重庆煤矿设计研究院实行统一指挥。西南煤矿建设指挥部在其存续期间先后设立了政治部、办公室、总工室、计划室、生产管理部、后勤部、监察委员会等机构，对职责范围内的规划设计、生产建设、领导班子建设进行集中统一的一元化领导，并经常性地深入基层调查研究。西南煤矿建设指挥部成立之后，煤炭工业部曾两次调整了该指挥部的管理体制，以期加强其指挥体系和组织建设。直到 1972 年 12 月 2 日，国务院、中央军委发出《关于六盘水地区体制问题的批复》同意对六盘水地区的体制进行调整，建立六盘水地区革命委员会为地区一级行政机关，撤销了原来的西南煤炭建设指挥部。

2. 六盘水煤炭资源的勘探历程与综合开发规划设计的科学实践

贵州煤田地质勘探始于地质学家乐森璕于 1925 年 11 月至 1926 年 1 月在安顺、镇宁、花江、郎岱以及水城等地所做的矿产调查，并于 1927 年 10 月《地质汇报》上发表了《贵州西部地质矿产》一文，其记述了郎岱（今六枝）黑拉夏煤田。1937 年，贵阳交通书局出版的《贵州矿产纪要》一书，详细记载了盘州市等地煤田的基本情况；1939 年，“贵州矿产勘测团”进行勘测，提出了 30 多个煤田地质报告及简报，且把煤炭列为贵州四大矿产之首。六盘水煤炭工业在 1958 年之前没有进行过整体的规划设计，且均为土法开采。1958 年 9 月，根据当时对煤炭工业发展的需要，贵州省煤矿管理局在基本建设处内成立了设计组。1965 年 1 月，三线建设工作开展之后，在六盘水成立了“水城煤矿设计研究院”，省煤管局的设计机构同时撤销，其中部分人员合并于水城煤矿设计研究院。

(1) 六盘水煤炭勘探会战。六盘水煤炭勘探会战在 1964～1973 年期间全面展开。1965 年 8 月，继“西昌会议”之后，中共中央西南局三线建设委员会又在成都召开了专题会议。会议议定了六盘水煤炭建设基地的总生产能力为1200万吨/年。由西南煤矿建设指挥部确定的地勘部门首批进行精查（或精查补勘）的项目须于1966年底前完工，且需提交能一次性通过审批合格的地质报告。北京、吉林、湖南、广东、河北、云南等省市地质勘探队伍奉调支援了六盘水的煤炭地勘大会战。1964年9月4日，吉林省煤田地勘公司一二二队成建制调到了盘州市矿区，共包括钻机10台、职工561人；同月北京京西煤田勘探队职工148人、钻机4台，调入六枝矿区。1964年10月，湖南省煤田地勘公司一二九队成建制从湖南郴县调往盘州市，拥有职工530人、钻机6台，后改名为贵州省煤田地勘公司一二九队。1965年3月，河北省煤炭工业管理局地勘公司水文队共计钻机2台、职工120人调入六枝矿区，后扩建成贵州省煤田地勘公司水源队，拥有职工423人，钻机3台。1965年5月，云南省煤田地勘公司勘测队115人成建制调入盘州市城关镇，8月并入贵州省煤田地勘公司地测大队，共拥有职工594人；同月，云南省煤田地勘公司一九八队成建制从昆明调入盘州市，后改名为贵州省煤田地勘公司一九八队，拥有职工395人，钻机5台；同月，广东省煤田地勘公司一五二队成建制从韶关调往水城，后改名为贵州煤田地勘公司一五二队，拥有职工527人、钻机6台。

（2）勘探会战总况和后续勘探成果。六盘水的勘探会战是在“备战、备荒、为人民”和“要准备打仗”的口号下进行的。当时为了“争时间、抢速度”，矿区建设采用了“边勘探、边设计、边施工”的会战方式，地勘施工速度跟不上将直接影响六盘水煤矿项目的建设进度。为此，地勘工作采取了一些特殊的做法，即分阶段（即普、详、精三个阶段）、按程序地灵活执行地质勘探工作和勘探规范中“三类九型”的规定，实行了三个阶段的交叉过渡形式。会战投入经费共计约1.1亿元，累计完成钻探任务58万米，查明储量133.78亿吨，其中精查储量88.74亿吨。勘探会战所获地质成果满足了六盘水煤炭基地建设生产的需要。会战中贵州省地质局所属地质队开动钻机31台，完成钻探进尺145326m，提交详查、精查报告13份，获得储量25亿吨。会战结束后，勘察继续进行。截至1990年底，六盘水累计探明储量1666290.19万吨，其中六枝煤田213312.5万吨、盘州市煤田983526.69万吨、水城煤田469451万吨。

全面完成了国家统一安排的六盘水煤炭地质勘探任务之后，绝大部分参加会战的单位及主要设备都被调回了原址，或被调往新的“战场”开始了新的任务。2024年国家三线建设60周年前，笔者及团队前后共花费近一年时间考察调研了六盘水三线建设遗址，现将六盘水煤炭基地的三线工业遗址现状总结如表5-1所示。

表 5-1 六盘水煤炭基地三线工业遗址现状

序号	地区	遗址名称	地址	始建时间	简介	遗址保存情况
1	六枝特区（17家）	六枝矿务局	六枝特区下营盘	1964 年	矿区总储量 25.6 亿吨，下辖 7 对矿井（六枝、地宗、凉水井、四角田、大用、木岗、化处）及选煤厂、自备电厂等	基本保存完好
2		西南煤矿建设指挥部	六枝特区下营盘	1964 年	统管六枝、水城、盘县、云南宅鼎山、珙县芙蓉山五个矿区建设指挥部及云贵两省煤管局和重庆煤矿设计研究院	仅剩少量房屋
3		地宗煤矿	六枝特区平寨镇	1958 年	地质储量 5533 万吨，设计生产能力 45 万吨/年，邓小平、李富春、薄一波、李井泉曾予视察	保存完好
4		大用煤矿	六枝特区同仁村	1966 年	地质储量 5831 万吨，原设计生产能力 45 万吨/年，累计投资 2824 万元，1988 年封硐	保存完好
5		化处煤矿	六枝特区低簸乡岱港村	1970 年	地质储量 3272 万吨，原设计生产能力 30 万吨/年	保存完好
6		木岗煤矿	六枝特区木岗镇木岗村	1966 年	地质储量 6030 万吨，设计生产能力 45 万吨/年，累计投资 5063.66 万元	保存完好
7		凉水井煤矿	六枝特区高峰村	1958 年	地质储量 999 万吨，设计生产能力 15 万吨/年，投资 717.21 万元	保存完好
8		四角田煤矿	六枝特区乡林家冲村	1965 年	地质储量 4499 万吨，设计生产能力 15 万吨/年，投资概算 1005.5 万元	保存基本完好
9		凉水井煤矿	六枝特区高峰村	1958 年	地质储量 999 万吨，设计生产能力 15 万吨/年，投资 717.21 万元	保存完好
10		六枝煤矿	六枝特区大用镇岱港村	1958 年	地质储量 4903 万吨，设计生产能力 60 万吨/年	保存完好
11		地宗选煤厂	六枝特区平寨镇	1965 年	入筛能力 105 万吨/年，主要选自六枝、地宗两矿原煤，累计投资 2525.1 万元	保存完好
12		六十五工程处	六枝特区平寨镇	1958 年	负责承建了地宗、四角田、化处、木岗、凉水井等煤田	家属区保存完整
13		六十六工程处	六枝特区平寨镇	1958 年	主要承建煤矿机械厂、六枝局、凉水井矿、六枝矿、地宗矿、大用矿、化处矿、木岗矿、四角田、土城矿、那罗寨矿、六枝电厂烟囱	家属区保存基本完好

续表

序号	地区	遗址名称	地址	始建时间	简介	遗址保存情况
14	六枝特区（17家）	一四二地质队	六枝特区下盘营	1957年	建队以来，一四二队共提交普、详、精查和补充勘探地质报告34套，并获得物理储量达56亿吨	少量家属区残存
15		六枝矿务局总机厂（前身是贵州煤矿管理局蔡冲矿山机械厂）	六枝特区下营盘	1965年	生产矿井设备配件和非标准设备，制造煤炭生产所需要的金属支柱试压机、校直机、矿车液压清底机、整形机等设备	保存完好
16		六盘水煤矿机械厂	六枝特区平寨镇	1966年	徐州煤矿机械厂一分为二，自徐州调入职工715人、设备81台，自抚顺、本溪、阜新等地调入职工160人，累计投资3586.万元	保存基本完好，正待开发之中
17		六枝矿中	六枝特区西南城郊	1968年	原六枝特区第五中学，现六盘水市第二中学	正常运营
18	盘州市（17家）	盘江矿务局	盘州市盘关镇沿塘村	1965年	煤炭储量755470万吨，占全省煤炭总量的15.4%	异地重建
19		基建工程兵四十一支队	盘州市两河街道亮山村	1966年	承建了火烧铺、月亮田、老屋基、土地等矿井，年生产能力270万吨	部分保存
20		六七一厂（辽宁抚顺局十一厂迁建）	盘州市亦资孔区境内	1966年	主要生产工业硝铵炸药（代号84#）和工业雷管（代号85#）两大类产品，亦称之为民用爆破器材，系贵州煤炭系统中的中型火工企业	保存完好
21		火烧铺煤矿	盘州市火烧铺镇	1966年	由京西矿务局调来的七十六工程处负责井下施工，六十八、六十九、九十二工程处负责地面工程；工业储量2.5亿吨，设计年采煤量120万吨	正在使用中，原址保存完好
22		沙沱煤矿	盘州市沙沱镇	1972年	1972年原燃化部批准的《盘西矿区总体修改设计》规划其产量为90万吨/年	改制重置
23		松山煤矿	盘州市红果镇松山村	1972年	设计生产能力为60万吨/年，后划给广西壮族自治区管理	改制重置
24		老屋基煤矿	盘州市盘关镇	1966年	保有地质储量29384万吨，设计生产能力90万吨/年，累计投资8333.36万元	保存完好

续表

序号	地区	遗址名称	地址	始建时间	简介	遗址保存情况
25	盘州市（17家）	月亮田煤矿	盘州市盘江镇	1966年	地质储量1.84亿吨，设计生产能力60万吨/年，辽宁煤管局支铁大队、抚顺矿务局十九工程处负责施工	保存完好
26		大田坝煤矿	盘州市大田坝	1972年	原设计生产能力30万吨/年	改制重置
27		土城煤矿	盘州市酒基镇	1966年	保有地质储量49691万吨，设计生产能力为180万吨/年；累计完成投资21913.38万元；由基建工程兵四十一支队等单位负责施工	存续生产中
28		山脚树矿井	盘州市盘关镇境内	1965年	1971年设计年产能力45万吨	存续生产中
29		比仲矿井	盘州市柏果镇	1972年	列入规划后，变更为改制的麦地煤矿	改制重置
30		火烧铺选煤厂	盘州市火烧铺镇	1966年	1983年该厂入选原煤124.7万吨，入选精煤65.81万吨，创造了历史最高水平	保存完好
31		老屋基选煤厂	盘州市盘关镇	1969年	由基建工程兵四十一支队、六十九工程处、七十二工程处承建，入选老屋基、山脚村、月亮田煤矿，累计投资3028.99万元	保存完好
32		一五九队	盘州市跃进坡	1958年	普查、详查、精查27个煤矿（井田），探明煤炭储量188.3亿吨	保存完好
33		盘江矿务局水泥厂	盘州市城关镇	1966年	设计生产能力5.6万吨/年，累计投资879.72万元	基本保存完好
34		六七一厂文化园	贵州省清镇市郊	1966年	试产到1985年，该厂生产了铵梯炸药75656吨，工程雷管20000万发，累计完成工业总产值11114万元	正常运营
35	水城区（26家）	铁七师司令部	原水城区法院办公楼	1958年	负责水城到树合段的建设，且提前9个月27天完成建设任务	保存完整
36		水城钢铁公司	六盘水市钟山区境内	1966年	主体厂矿负责炼铁、烧结、焦化、动力、炼钢、轧钢、机修等	保存完好

续表

序号	地区	遗址名称	地址	始建时间	简介	遗址保存情况
37	水城区（26家）	水钢炼铁厂（鞍钢包建）	水城区青杠林	1967年	自建厂至2000年，累计生产生铁1512万吨；工厂拥有职工1007人，技术人员114人；设有生产、技术、机动、供应、安全、劳培、厂办等16个机关科室	保存完好
38		观音山铁矿	水城区东南方向13公里处	1966年	1966～1998年，该矿共采掘铁矿石总量为2446.24万吨，生产成品矿量为740.17万吨	保存完好
39		杉树林铅锌矿	水城区杉树林村	1966年	产铅精矿含铅471.8吨，锌精矿含锌1844.6吨，总产值31.64万元	保存完好
40		松林石灰石矿	水城区西北方向4公里处	1983年	1993年共生产原矿46.81万吨；2000年底，松林石灰石矿共生产了石灰石成品石580.76万吨	保存完好
41		水城矿务局	水城区中心区域	1964年	由煤炭部调集山东煤炭基建局、山西太原煤矿建安公司、淮北煤炭基建局杜集厂及6个工程处，后又增调枣庄矿务局、徐州矿务局共计200人组建，地质储量69亿吨	保存完好
42		煤炭基本建设局	水城区钟山中路	1979年	主管六十四、六十六、九十四工程处建地宗选煤厂、土城矿井等	基本保存完整
43		汪家寨煤矿	水城区钟山区汪家寨镇	1965年	地质储量25745万吨，设计生产能力150万吨/年	保存完好
44		大河边煤矿	水城区钟山区大河镇	1966年	地质储量9592万吨，设计生产能力60万吨/年	保存完整
45		老鹰山煤矿	水城区钟山区滥坝镇	1967年	地质储量15934万吨，设计生产能力90万吨/年	保存完整
46		红旗煤矿	水城区钟山区大河镇	1964年	地质储量806万吨，设计生产能力10万吨/年，现正停产封硐	保存完整
47		顶拉煤矿	水城区东风镇格书村	1971年	地质储量2121.6万吨，设计生产能力15万吨/年	基本保存完好
48		木冲沟煤矿	水城区大湾镇	1966年	地质储量1.2亿吨，设计生产能力90万吨/年	基本完好

续表

序号	地区	遗址名称	地址	始建时间	简介	遗址保存情况
49	水城区（26家）	小河煤矿	水城区滥坝镇万全乡	1966年	可采储量678万吨，设计生产能力45万吨/年	基本保存完好
50		汪家寨洗煤厂	水城区大河镇	1965年	贵州第一座群矿型大型选煤厂，年设计洗煤能力150万吨；水城煤矿设计研究所设计，六十七处、九十二处负责土建及设备安装工程	保存完好
51		贵州有色地质二总队	六盘水市朝阳新村	1958年	主要设有钻探、坑探、物探、测量、化验、机台、坑口等科室	保存完好
52		102地质队	水城区大河边	1956年	自成立以来，完成了26种矿产的普查勘探，共完成机械岩心钻探进尺34.93万米，浅井1.32万米，坑道进尺2.52万米，槽探21.44万立方米	异地重建
53		六十四工程处	水城区钟山区人民路	1965年	承建凉水井、六枝矿井、木岗矿井、土城矿井	仅保存了家属区
54		水城发电厂	水城区大河镇天生桥	1966年	总投资8362.1万元	基本保存完好
55		水城水泥厂	水城区钟山区响水河畔	1966年	北京水泥工业设计院设计，设计生产能力50万吨/年，总投资7054万元	基本保存完好
56		一一三队	水城区钟山区南街	1957年	由四川一三五、一四一队绥黔调入。地勘3408平方公里，获工业储量25.4亿吨，远景储量23.9亿吨	已被开发
57		德坞砂砖厂	水城区三十七工程处	1968年	年产砂砖1000万块，主要供水城矿务局和六盘水市的建筑施工使用	基本保存完好
58		贵昆铁路天生桥大桥	云贵两省交界处可渡河	1958年	由铁道兵第九师负责施工建设，桥长526米，高60多米	保存完好
59		梅花隧道工程	水城区钟山区	1959年	铁道兵第5师第23团施工建设，全长3968米	保存完整
60		水城建安公司	水城区钟山区大垭口	20世纪60年代中期	由“大河农场”土建队、建材厂、中华人民共和国煤炭工业部九十四工程处合并而成；从事矿业地面及选煤厂施工工作	家属区基本得到保护

3. 六盘水煤炭基地配套工程体系的构建

自 20 世纪 50 年代末国家开始启动六盘水煤炭基地建设工作开始，到三线建设轰轰烈烈展开之时，国家在重视煤炭基地整体的勘探、规划、建设的同时，还从总体上把握了与之配套的矿山机械、火工产品、建筑材料以及交通运输等相关配套工程的建设。表 5-2 为三线建设时期六盘水煤炭基地的其他配套工程建设项目及其遗址现状。

表 5-2　三线建设时期六盘水煤炭基地其他配套工程建设项目及其遗址现状

序号	项目名称	投建地址及时间	建设内容简况	遗址现状
1	六盘水煤矿机械厂	六枝特区平寨镇，1966 年 2 月	徐州煤矿机械厂一分为二，调来职工 715 人，设备 81 台，再从抚顺、本溪、阜新等地调人 160 人，累计投资 3586 万元	保存基本完好，正待开发之中
2	贵阳矿灯厂	贵阳市花溪区蔡冲，1966 年 8 月	由抚顺矿灯厂一分为二迁建，原始投资 142 万元，设计规模为生产矿灯 4 万盏，矿灯充电架 200 台(套)	原址保存完好
3	六枝矿务局总机厂	六枝特区下营盘，1965 年 7 月	负责六枝矿的设备维修和更新，国家分别投入：26.63 万元、143.16 万元、497.36 万元	保存完好
4	六七一厂	盘州市亦资孔区，1965 年	按煤炭部(1965)煤发 2263 号文字，迁辽宁省抚顺矿务局七一厂的一半经云南中转来六盘水。设计能力年产炸药 1 万吨，雷管 3000 万发	部分保留
5	德坞砂砖厂	水城三十七工程处，1968 年	年产砂砖 1000 万块，主要供水城矿务局和六盘水建筑使用	基本保存完好
6	盘江矿务局水泥厂	盘州市城关镇，1966 年 2 月	贵州建筑设计院设计：5.6 万吨/年，累计投资 879.72 万元	基本保存完好

在三线建设以前，六盘水市交通闭塞、经济贫困、文化落后，63%的乡不通公路，没有一个现代化的企业，仅有几个为本地服务的小型粮油加工厂和小煤矿，工业产值约为 1128 万元，粮食产量为 4.7 亿斤。1964 年，国家把建设六盘水矿区列为重点项目，先后投资 26.67 亿元，形成固定资产 21.33 亿元，初步建成了一个以煤炭工业为基础，并设有冶金、电力、建材、机械等配套发展产业的新兴工业城市。已建成 19 个煤矿、22 对矿井，年产能力 1120 万吨；建成洗煤厂 5 座，年入洗原煤能力 530 万吨；还建有为煤炭生产配套的勘探、设计、机械修配、自备发电厂和工程建筑、安装等单位，共计职工 2.7 万人。1985 年，生产原煤 1074 万吨，洗精煤 270 万吨，每年有 700 多万吨原煤、焦炭可供外调。同年，全市工农业总产值 11.81 亿元，比 1964 年增长了 10 倍。其中工业产值 7.16 亿元，比 1964 年增长 62.5 倍；农业产值 4.16 亿元，比 1964 年增长 3.2

倍，粮食产量达到 7.62 亿斤，比 1964 年增长 61.8%。这就是六盘水的三线建设发展历程，它也是中国工业化发展进程的一个典范和缩影。

4. 六盘水煤炭基地的改造经验与教训

根据笔者调研所见，由于缺乏专家广泛论证，在六盘水煤炭基地三线遗产保护利用工作中也出现了一些不协调的现象。如在大河边煤矿遗址建设孔孟国学馆，未能体现本地特点。又如著名的“澡堂会议”遗址小楼，紧邻数米就建设高层住宅楼，影响了遗址景观的观赏性。如果将该遗址作为小区绿地公园文化中心，周围安排高楼，那么保护效果将好得多。再如六盘水文化旅游节虽然紧扣三线主题，但也搞出了一些“三千美女旗袍秀”的表面热闹文章。相对来说，“六枝记忆”展览馆运用六枝煤矿的风镐和矿工帽标识建成馆顶天花板布局，用上万件废弃机器零件组成机器人金属雕像，用邓小平同志在六盘水提出的“两基一线”钟摆式物流概念组成巨大的钟摆动感造型等，则是一些在六盘水煤炭基地三线遗产保护利用方面做得较好的创新与实践工作。

第三节 成功经验及启示

通过对国际视野中的英国曼彻斯特中央车站与德国鲁尔区，以及国内实践中的贵州六盘水等地的工业遗产活化利用案例进行深入剖析，我们可以提炼出一系列成功经验，为未来的城市更新与工业遗产保护提供有益的借鉴。

英国曼彻斯特中央车站的转型堪称工业遗产活化利用的典范。这座始建于 19 世纪的交通枢纽，见证了工业社会的崛起与转型，然而随着交通方式的变革和城市功能的转变，它逐渐失去了原有的交通优势，变得陈旧破败。面对这一困境，曼彻斯特市议会决定对其进行改造，将其转变为一个现代化的会展中心。在改造过程中，他们充分尊重并保留了车站的历史风貌与建筑特色，如维多利亚式建筑风格、巨大的拱形结构和独特的建筑材料等，同时通过现代化的设计和装修，赋予这座古老建筑新的生机与活力。改造后的 G-MEX 会展中心不仅成为曼彻斯特市的新地标，更通过丰富的文化内涵和卓越的功能设计，满足了现代城市发展的需求，实现了城市功能的深刻重塑和文化记忆的重构。

与曼彻斯特中央车站不同，德国鲁尔区的工业遗产活化利用则是一个更为复杂而漫长的过程。鲁尔区曾是世界上最大的传统工业区之一，拥有丰富的煤炭资源和良好的区位条件。然而，随着煤炭在世界能源消费构成中的比重逐渐降低，以及全球经济危机和钢铁替代品的广泛应用，鲁尔区的工业发展陷入了困境。为了应对这一挑战，鲁尔区从 20 世纪 60 年代开始进行工业结构和布局调整、发展第三产业和优化生态环境等方面的综合整治。在这一过程中，他们设立了专门的领导机构负责制定区域总体规划，全面制定地区发展、综合整治与振兴规划，并实现了资源的高度整合。通过这些措施，鲁尔区成功实现了从重工业区向现代化、多元化城市的转型，工业遗产的活化利用成为该地区经济和文化发展的新动力。

在国内实践中，贵州六盘水的工业遗产重构与城市化进程同样值得我们关注。六盘水因国家“三线建设”战略而崛起，成为西南地区的重要煤炭基地。然而，随着资源的枯竭和市场的变化，六盘水的经济发展也面临严峻挑战。为了应对这一挑战，六盘水市充分利用其丰富的工业遗产资源，通过保护与再利用这些具有历史和文化价值的遗迹，推动城市的更新与发展。他们不仅保留了这些工业遗产的历史风貌和建筑特色，还通过现代化的设计和装修，赋予它们新的功能和生命力。同时，六盘水市还注重将城市文化融入工业遗产的活化利用之中，通过展示板、雕塑和艺术品等形式，将城市的历史故事、工业遗产等文化元素巧妙地融入新的城市空间之中。这些措施不仅丰富了城市的文化内涵，也提升了城市的品质和竞争力。

通过对这些成功案例的深入剖析可以得出以下经验。首先，工业遗产的活化利用需要充分尊重并保留其历史风貌与建筑特色。这些工业遗产不仅是工业化进程的重要印记，更是城市文化记忆和身份认同的重要组成部分。在活化利用过程中，我们应该注重保护这些遗产的历史风貌和建筑特色，避免过度商业化或破坏性开发。同时，通过现代化的设计和装修等手段，我们可以赋予这些古老建筑新的功能和生命力，使它们更好地融入现代城市生活之中。其次，工业遗产的活化利用需要注重文化内涵的挖掘与传承。这些工业遗产承载着丰富的历史、文化和技术价值，是城市文化记忆的重要组成部分。在活化利用过程中，我们应该深入挖掘这些遗产的文化内涵，通过展示、教育和传播等手段，让更多的人了解和认识这些遗产的历史价值和文化意义。同时，我们还可以将这些文化元素巧妙地融入新的城市空间之中，形成具有独特文化特色的城市景观。再者，工业遗产的活化利用需要注重功能的多样性与创新性。这些工业遗产可以在原有的工业功能基础上，通过功能置换和多元化利用等方式，实现功能的多样性和创新性。例如，可以将废弃的工厂改造成艺术中心、博物馆、创意产业园区等，为城市带来新的活力和经济增长点。同时，我们还可以利用现代科技手段，如虚拟现实、增强现实等，为这些工业遗产注入新的科技元素和创新活力。

作为全国三线建设重中之重的重庆三线建设，是重庆当代史上浓墨重彩的一笔，对重庆本地的社会发展产生了多重积极影响。

第一，三线建设奠定了重庆工业基础。首先是丰富了重庆的工业门类，三线建设在重庆建立了以常规兵器制造为主，同时与船舶工业、核工业、军工电子工业等相结合的国防工业生产体系，以及配套建设了相应的机械、冶金、化工、食品、轻纺等轻、重工业项目。随着“军转民”的调整改造，它们大多发展成为重庆的支柱工业，极大地丰富了重庆的工业门类。其次是提升了重庆的工业水平，重庆三线建设过程中不仅从一线地区内迁了大量的成套工业技术与工业技术人才，还在中央的统筹安排下，引进了西方发达国家的汽车制造、化工化纤等工业技术与设备，升级了重庆的工业技术水准。最后是改善了重庆的工业布局，改变了此前工业主要集中分布在主城地区的情况，使得重庆地区的工业发展在增强了原主城地区工业实力的基础上，逐步形成以长江与嘉陵江沿线的江津、璧山、长寿、合川、涪陵、万州等重要城镇为中心的“两江工业带”，以及以綦江和南川为中心的工业圈，使重庆整个工业布局根据交通、能源条件、自然资源状况、原材料供应和市场导向展开。

第二，三线建设改善了重庆内外交通。域外交通方面，三线建设时期修建了川黔铁路与襄渝铁路，扩建了白市驿机场，提升了川江“黄金水道”的水运能力，极大地促进了重庆与周边省份乃至全国间人、物、资讯的互流互通，一定程度上改变了重庆交通闭塞的情况；域内交通方面，主要表现在两江四岸间公路桥的修建，三线建设时期修建的牛角沱嘉陵江大桥（重庆第一座跨江城市公路桥）、北碚朝阳大桥和石板坡长江大桥等，打破了制约重庆市域交通的瓶颈，加快了地跨两江的重庆中心城区的建设进程。

第三，三线建设促进了重庆城镇建设。随着三线建设在重庆的展开，一些城镇迅速建立起了一批大中型企事业单位，而随着这批三线建设单位聚集大量职工（内迁职工与本地招工），加之为三线单位服务的生活配套设施的建设，重庆城镇建设得以迅速发展。一方面，北碚、长寿、涪陵、万州、双桥、巴县、綦江等城镇，均得益于大规模工业企业的“嵌入式”布局，实现人口增长，城区扩大，工商业发展，城镇规模迅速扩张；另一方面，渝中、沙坪坝、江北、南岸、九龙坡等旧有核心城区，也聚集了大量的工业企业与科研单位，加之交通基础设施的建设，几大区域逐渐互联互通形成一个大规模的核心城市，经济实力由此不断增强。

第四，三线建设壮大了重庆人才储备。重庆三线建设得益于东部一线地区的支持，伴随着大批企事业单位迁址重庆的还有成千上万的高素质人员（据初步调研，重庆地区三线建设期间由外地迁入重庆的职工及其家属人数大概总共在30万人左右），加之重庆本地各方面人员积极投身三线建设的各个环节，最终历时十余年的三线建设为重庆储备了大量的人才。他们当中不仅有参与重庆三线建设全环节的科研人才、技术工人与管理人员，还有一大批在三线建设实践锻炼中成长起来的干部队伍。改革开放后，是他们共同合力推进了包括三线建设调整改造在内的重庆社会经济事业的发展。

综上，三线建设对重庆产生了巨大而深远的影响：搭建起了门类较为齐全的现代工业体系框架，为改革开放后重庆工业发展与升级奠定了基础；改善了重庆内外交通状况，形成了重庆多元立体内外交通网络体系的雏形；主城核心城区快速成长为国家级核心城市，周边卫星城镇体系日渐完善；专业技术人才与党政干部队伍都有了较好的储备。总之，重庆三线建设在物质基础与智力基础两个层面都留下了大量的遗产，所以三线建设之于重庆发展，功不可没。

近年来，随着学术发展，学术界对全国三线建设的历史评价已经日益客观公允。就成就方面而言，不仅为我国建立起了一个强大的国防战略后方基地，改善了我国东西部经济布局不合理的境况，而且还留下了宝贵的三线精神。

稽古所以振今。通过以上对重庆三线建设历史的概述，我们认为有如下三条经验启示可供当今重庆经济社会发展所镜鉴。

第一，经济建设要遵循客观规律。三线建设既是一种政治军事行为，体现了“宁使我有虚防，无使彼得实着”这句兵家古训所折射出的军事博弈，同时它也是一种经济建设实践，旨在大规模调整我国生产力布局。对于重庆三线建设而言，作为一种经济建设实践既有成绩亦有不足，利害得失共同昭示我们：产业布局一定要充分考量地区区位优劣。三线建设不拘常规兵器制造工业、船舶工业等，都是基于当地工业基础和自然条件作出的恰当安排，但具体一些工矿企业厂址的选择却过于强调“靠山、分散、隐蔽、进洞”的战备原则，导致后来出现自然灾害威胁、交通不便影响产销和信息交流、职工家庭生活艰难等困境，这又是事倍功半之举。所以，经济建设必须遵循自然规律、经济规律、社会规律，按照规律办事。产业发展在宏观与微观层面，均要统筹兼顾自然禀赋、人力资源、交通设施、产业基础、市场销售等客观条件，着眼长远，反对冒进，才能将区位优势转化为竞争优势，实现产业科学发展。

第二，要积极主动服务国家战略。正所谓，“不谋全局者，不足谋一域”。将区域发展置于全局中谋划，在全局的发展逻辑中精准探寻一域的发展思路，才是辩证地把握了“一域”与“全局”的关系。在三线建设国家战略下，重庆充分发挥自身优势，积极承担了常规兵器制造基地建设的任务，这便是准确地把握了重庆三线建设之一域与全国三线建设之大局的关系。由此，国家赋予重庆等地重要的战略定位，投入了大量的资金、技术、人才等，而重庆又主动作为，以一域之光，为全局添彩。结果是国家三线建设战略顺利推进，重庆则获得了发展经济和提升功能的良好机会，城市的体量和能级得到显著提升。可见，抓住历史机遇，融入国家战略，借此享受国家政策优惠，是位居西部内陆的重庆能够取得跨越式发展的重要路径。在新的历史起点上，重庆要更加注重全局谋划一域、以一域服务全局，积极主动服务国家战略：继续在推进西部大开发中发挥支撑作用，全面融入共建“一带一路”和长江经济带发展，贯彻落实成渝地区双城经济圈建设的重大决策部署，从而在勇担国家全局任务中，增强重庆综合实力。

第三，要用好三线精神这笔宝贵的精神财富。毛泽东同志说过，“人是要有一点精神的”。波澜壮阔的三线建设中，同样涌现出了大量“献了青春献终身，献了终身献子孙”的感人事迹，“三线人”不仅是中国共产党精神谱系的实践者，同时也成为创造者，在铸就三线伟业的过程中参与创造了三线精神。在新的历史方位下，要深入贯彻习近平总书记提出的营造良好政治生态，坚持“两点”定位、“两地”“两高”目标，发挥“三个作用”和推动成渝地区双城经济圈建设等重要指示要求，就亟需坚定的理想信念作为根基。其中，深入挖掘“三线人、三线事、三线物”，讲好三线故事，赓续“艰苦创业、无私奉献、团结协作、勇于创新”的三线精神，就有助于激励全市广大干部群众同心同德，奋力谱写重庆高质量发展新篇章。

第六章 重庆三线工业遗产开发面临的挑战

锈色新颜

第一节
重庆三线工业遗产保护利用机制有待健全

一、法律基础薄弱与跨部门协调难题

在历史的长河中，重庆作为西南地区的工业重镇，其三线建设时期留下的工业遗产不仅是国家工业发展历程的见证，更是城市文化记忆的重要组成部分。这些遗产承载着厚重的历史价值、文化价值和社会价值，对于推动城市更新、促进文化旅游发展、增强文化自信具有重要意义。然而，在调研过程中，笔者及团队深刻感受到重庆三线工业遗产在保护利用方面所面临的诸多制约与挑战，尤其是保护利用机制的不健全，成为制约其开发利用的关键因素。下面将从问题剖析、策略探讨及未来展望三个维度，深入探讨重庆三线工业遗产保护利用机制的健全之路。

（一）问题剖析：制约开发利用的多重障碍

1. 顶层设计的缺失

尽管重庆市已出台《重庆市推动老工业城市工业遗产保护利用打造“生活秀带”工作方案》，为三线工业遗产的保护利用提供了一定的政策指引，但这一方案在全市层面的统领性和指导性仍显不足。重庆市仍缺乏一部全面、系统、具有前瞻性的规划或条例，这导致各区县在具体实施时缺乏统一的标准和依据，难以形成合力。以江津夏坝晋江国营机械厂遗址为例，该遗址因其独特的历史价值和潜在的旅游开发价值，曾计划投资 8 亿元打造三线工业遗址公园。然而，由于产权归属复杂、政策支持不足等问题，项目多年未能落地，遗址长期闲置荒废，遭受自然侵蚀和人为破坏，令人痛心。

2. 协调机制的匮乏

三线工业遗产的保护利用涉及多个部门和单位，包括文化、旅游、规划、建设、环保等多个领域。然而，目前重庆市尚未成立专门的统一领导小组或协调机构，导致在保护利用过程中存在多头管理、职责不清、沟通不畅等问题。各部门之间缺乏有效的协作机制，难以形成保护利用的强大合力。此外，保护利用的分类分级不明确，资金筹措渠道单一且不足，也进一步加剧了保护利用的困难。

3. 有效保护的缺失

据统计，重庆市现有三线工业遗产的保存状况良莠不齐。其中，部分遗产因继续生产经营而得以保留，但更多遗产则因废弃停用或整体毁损而面临消亡的危险。特别是那些未能列入国家工业遗产名单的遗产，其保护状况更为堪忧。由于缺乏有效的保护措施和资金支持，这些遗产往往处于“自生自灭”的状态，遭受着自然和人为的双重破坏。例如，万盛国营平山机械厂曾是三线建设时期的重要军工企业，如今却只剩下残垣断壁，昔日的辉煌已不复存在。

（二）策略探讨：健全保护利用机制的路径

1. 强化顶层设计，完善政策体系

针对顶层设计缺失的问题，重庆市应加快制定和完善三线工业遗产保护利用的相关政策体系。首先，应出台一部具有统领性的地方性法规或条例，明确三线工业遗产的定义、分类、保护原则、利用方式等关键内容，为全市范围内的保护利用工作提供法律保障。其次，应制定详细的规划方案和实施细则，明确各区县、各部门的职责分工和具体任务，确保保护利用工作有序推进。此外，还应建立健全考核评价机制，将三线工业遗产保护利用工作纳入地方政府绩效考核体系，以激发各级政府和相关部门的积极性和主动性。

2. 建立协调机制，形成工作合力

为解决协调机制匮乏的问题，重庆市应尽快成立由文化、旅游、规划、建设、环保等多个部门组成的统一领导小组或协调机构。该机构负责统筹协调全市范围内的三线工业遗产保护利用工作，制定工作计划和实施方案，组织开展联合执法和监督检查等活动。同时，应建立健全信息共享和沟通协作机制，确保各部门之间信息畅通、协作顺畅。此外，还应鼓励和支持社会力量参与三线工业遗产的保护利用工作，形成政府主导、社会参与、多元共治的工作格局。

3. 加强有效保护，推动活化利用

针对有效保护缺失的问题，重庆市应采取多种措施加强三线工业遗产的保护工作。首先，应加大资金投入力度，开发稳定的资金来源渠道，为遗产保护提供充足的资金保障。其次，应制定科学合理的保护规划和修复方案，对受损严重的遗产进行抢救性修复和保护性修缮。同时，应加强对遗产的日常管理和维护工作，确保其免受自然和人为的破坏。在保护的基础上，应积极推动三线工业遗产的活化利用工作。通过将其转化为文化创意产业园区、旅游观光景点、科普教育

基地等多种形式，实现遗产价值的最大化利用。同时，应注重挖掘遗产背后的历史故事和文化内涵，打造具有地方特色的文化旅游品牌和产品体系。

（三）未来展望：构建可持续发展的保护利用模式

1. 促进产业升级转型

依托三线工业遗产的独特资源，推动相关产业的转型升级。通过引入高新技术、文化创意等新兴产业元素，提升遗产的附加值和市场竞争力。同时，加强与其他产业的融合发展，形成产业链上下游的协同效应。

2. 强化社区参与公众教育

鼓励社区居民和社会公众参与三线工业遗产的保护利用工作，增强他们的文化自觉和保护意识。通过举办展览、讲座、体验活动等形式，普及三线建设时期的历史知识和文化遗产价值，提高公众的文化素养和审美水平。

3. 推动国际合作与交流

加强与国际组织和其他国家的合作与交流，借鉴国际先进经验和技术手段，提升重庆三线工业遗产保护利用的水平。同时，积极参与国际文化遗产保护项目和活动，扩大重庆在国际舞台上的影响力和知名度。

重庆三线工业遗产的保护利用工作是一项长期而艰巨的任务。只有建立健全的保护利用机制，加强顶层设计、协调机制和有效保护等方面的工作，才能确保这些宝贵的遗产得到妥善保护和合理利用。未来，重庆应继续探索符合自身特点和发展需求的保护利用模式，推动三线工业遗产在新时代背景下焕发新的生机与活力。

二、传统保护方式的局限

（一）现状分析：传统保护方式的局限与挑战

1. 保护意识的薄弱与滞后

长期以来，由于历史原因和认识水平的限制，部分三线工业遗产并未得到足够的重视和保护。一些遗产在城市化进程中被拆除或改建，其历史价值和文化内涵未能得到有效传承。同时，公众对于三线工业遗产的认知度较低，缺乏保护意识，使得这些遗产面临着被遗忘和破坏的风险。

2. 利用方式的单一与低效

在已有的保护利用实践中，部分三线工业遗产被简单地转化为博物馆、纪念馆等文化设施，但这种单一的利用方式往往难以吸引足够的游客和公众关注，导致资源闲置和浪费。此外，一些遗产在利用过程中存在过度商业化、同质化等问题，破坏了其原真性和独特性，影响了其长期价值的发挥。

3. 资金与技术的不足

三线工业遗产的保护利用需要大量的资金和技术支持。然而，由于资金来源有限、技术水平参差不齐等原因，部分遗产在保护修复和活化利用方面面临着诸多困难。资金短缺导致保护修复工作难以开展或进展缓慢；技术不足则限制了遗产的活化利用和创新发展。

（二）创新策略：构建多元化保护利用体系

1. 强化保护意识，提升公众参与度

首先，应加强宣传教育，提高公众对三线工业遗产的认知度和保护意识。利用新媒体平台扩大宣传范围，增强公众的文化自觉和保护意识。此外，还应鼓励社区居民和社会组织参与遗产的保护利用工作，形成全社会共同关注、共同参与的良好氛围。

2. 创新利用方式，实现多元化发展

针对传统利用方式的局限性，应积极探索多元化的利用方式。一方面，可以将三线工业遗产与文化创意产业相结合，打造具有地方特色的文化创意产业园区或文化旅游目的地。通过引入艺术家、设计师等创意人才，将遗产的空间、文化等元素转化为具有市场竞争力的文化产品；同时，结合市场需求和消费者偏好，开发多样化的旅游产品和服务项目，吸引更多游客前来参观体验。另一方面，可以将三线工业遗产与科技创新相结合，推动其向智能化、绿色化方向发展。利用现代科技手段对遗产进行数字化保护和展示；同时，引入环保技术和绿色建材对遗产进行改造升级，实现其可持续发展。

3. 拓宽资金来源渠道，加强技术支持

为了解决资金与技术的不足问题，应拓宽资金来源渠道并加强技术支持。一方面，可以争取政府资金支持并引导社会资本投入。通过设立专项基金、提供税收优惠等方式吸引社会资金参与遗产的保护利用工作；同时，鼓励企业和社会组织通过捐赠、赞助等方式支持遗产的保护事业。另一方面，应加强与科研机构、

高校等单位的合作与交流。通过联合攻关、人才培养等方式提升技术水平；同时，引进国内外先进技术和经验为遗产的保护利用提供有力支持。

三、区域合作与宏观政策融合存在的挑战

在当前的发展背景下，重庆三线工业遗产的资源优势并未得到充分发挥，特别是在区域合作与宏观政策融合方面，仍存在着显著的不足与挑战。下面将从这两个维度出发，深入剖析重庆三线工业遗产现有资源优势的潜力，并提出相应的策略与建议，以期促进其在新时代背景下的全面复兴与可持续发展。

（一）现状与挑战

1. 区域合作存在壁垒

当前，重庆在推动三线工业遗产保护与开发的过程中，与周边省份，特别是四川、贵州等地的交流合作显得相对薄弱。这种地域间的隔阂不仅限制了资源共享与优势互补，也制约了跨区域文化旅游产业的协同发展。以 32111 英雄钻井队为例，其事迹虽感人至深，但事发地重庆江津与钻井队所属气矿驻地四川泸州之间缺乏有效的合作机制，导致这一具有极高历史价值和文化意义的故事未能得到充分挖掘和广泛传播。

2. 宏观政策融合欠缺

在宏观政策层面，重庆三线工业遗产的保护与开发与全市乃至国家层面的发展战略衔接不够紧密。如重庆有些三线企业及其职工在调整改造中迁往成都附近，遗址保护利用和企业新址如何进行互动，可以纳入成渝双城经济圈文化规划范畴考虑。这些遗产往往被孤立地看待，未能充分融入城市规划、区域发展、产业升级等大局之中。因此，在享受政策红利、获取资金支持、推动项目落地等方面存在诸多困难。

（二）建议与举措

1. 纳入城市规划体系

推动将三线工业遗产纳入城市总体规划及各项专项规划之中，确保其在城市发展布局中的合理定位与科学布局。通过编制专项保护规划或导则，明确保护范围、保护对象、保护措施等内容，为遗产保护与开发提供法律保障和规划依据。

2. 对接宏观发展政策

积极对接成渝地区双城经济圈建设、“三攻坚一盘活”改革、城市更新项目等宏观发展政策，将三线工业遗产的保护与开发纳入相关政策体系之中。通过争取政策支持、资金补助、项目倾斜等方式，为遗产保护与开发提供有力保障。同时，加强与相关部门的沟通协调，确保政策的有效落地与实施。

3. 推动产业升级转型

依托三线工业遗产的独特资源禀赋，推动其向文化创意、文化旅游、科技研发等方向转型升级。通过引入社会资本、培育新兴产业、打造特色产业园区等方式，实现遗产资源的有效整合与高效利用。同时，加强与高校、科研机构的合作与交流，推动技术创新与产业升级的深度融合。

4. 强化社区参与共享

鼓励社区居民、社会组织等多元主体参与到三线工业遗产的保护与开发中来，形成政府主导、社会参与、多方共赢的良好局面。通过举办社区活动、开展宣传教育、建立志愿者队伍等方式，增强居民对遗产价值的认同感和保护意识。同时，注重遗产保护成果的社区共享与惠民利民，让居民在保护与开发过程中获得实实在在的利益与福祉。

重庆三线工业遗产作为城市文化的重要组成部分和产业发展的独特资源，其保护与开发的成功与否直接关系到城市的文化自信与可持续发展。面对当前区域合作不足与宏观政策融合不深的挑战，重庆应积极探索新思路、新方法、新路径，通过加强区域合作、融入宏观政策体系、推动产业升级转型、强化社区参与共享等措施，充分发挥三线工业遗产的资源优势与潜力，为城市文化复兴与产业升级注入新的活力与动力。

四、三线记忆及其精神价值的淡化

三线建设是一段不可磨灭的历史篇章，它不仅铸就了国家安全的坚固防线，更孕育了一种独特而伟大的精神——三线精神。三线精神的核心在于“艰苦创业、无私奉献、团结协作、勇于创新”。这十六个字，不仅是对三线建设者精神风貌的高度概括，也是中华民族优秀传统美德的集中体现。艰苦创业，体现了面对困难不屈不挠的奋斗精神；无私奉献，彰显了为国家利益牺牲个人利益的崇高情怀；团结协作，强调了集体力量的重要性；勇于创新，则是推动事业不断前进的不竭动力。然而，随着时代的变迁，三线建设的记忆逐渐淡出公众视野，三线精神的宣传与弘扬显得尤为迫切和重要。下面将从史料搜集挖掘、内核精神凝练弘扬两个方面，深入探讨如何更好地传承和发扬三线精神。

（一）档案流失的严峻现实

档案流失的严峻现实：三线建设时期，为了保密和战时安全考虑，大量档案资料被分散保存，甚至有的被销毁或遗失。这一历史遗留问题，导致今天我们在回望那段峥嵘岁月时，面临着史料不足、信息不全的困境。档案流失不仅是对历史记忆的削弱，更是对三线精神传承的极大挑战。因此，当务之急是加大对三线建设档案的搜集和整理力度，尽可能恢复历史的原貌。

（二）内核精神凝练与弘扬：传承与创新的结合

1. 全面摸查与登记

为了摸清三线建设家底，必须开展一次全面、系统的摸查登记工作。这包括但不限于对三线建设时期遗留下来的工厂、车间、仓库、生活区等实体遗址的普查，以及对相关档案、文献、照片、影像资料的搜集整理。通过建立完善的档案管理体系，确保每一份有价值的史料都能得到妥善保存和有效利用。

2. 资料的持续整理与挖掘

在摸查登记的基础上，还需要对搜集到的史料进行持续整理和深入挖掘。这要求我们不仅要关注那些宏大的历史叙事，更要关注那些鲜为人知的小故事、小人物，从中提炼出三线精神的生动案例和感人细节。通过整理出版三线建设回忆录、口述史、图片集等形式，让更多人了解三线建设的艰辛历程和辉煌成就，感受三线精神的伟大力量。

3. 提高群众知晓度

尽管三线精神内涵丰富、意义重大，但当前群众对其知晓度却相对较低。这既有历史原因造成的隔阂感，也有宣传力度不够的问题。因此，我们需要通过多种渠道和方式加强三线精神的宣传教育工作。比如，在学校开设三线建设相关课程或讲座；在媒体上播放三线建设题材的电影、电视剧、纪录片；在公共场所设置三线建设主题展览等。通过这些措施，让更多人了解三线精神的历史背景和现实意义，增强对三线精神的认同感和自豪感。

4. 创新传播方式

在传承三线精神的过程中，我们还需要注重创新传播方式。随着互联网的普及和新媒体的兴起，传统的传播方式已经难以满足现代人的需求。因此，我们需要充分利用互联网、社交媒体等新媒体平台，以更加生动、形象、互动的方式传播三线精神。比如，通过制作微电影、短视频、H5 页面等新媒体产品；开展线上互动问答、话题讨论等活动；邀请三线建设者或其后代进行网络直播等。这些新颖的传播方式不仅能够吸引更多年轻人的关注和参与，还能够让三线精神在更广泛的范围内得到传播和弘扬。

5. 融入时代精神

三线精神虽然诞生于特定的历史时期，但其精神内核却具有超越时代的价值。在新时代背景下，我们需要将三线精神与社会主义核心价值观、时代精神等相结合，赋予其新的时代内涵和生命力。比如，将三线精神中的艰苦创业精神与当前的创新创业精神相结合；将无私奉献精神与志愿服务精神相结合；将团结协作精神与团队精神相结合；将勇于创新精神与科技创新精神相结合等。通过这些结合点，让三线精神在新时代焕发出更加绚丽的光彩。

三线精神是中华民族宝贵的精神财富之一，它承载着几代人的奋斗与梦想、牺牲与奉献。在新时代背景下，我们更应该加大对三线精神的宣传与弘扬力度，让更多人了解这段历史、铭记这段历史、传承这段历史。通过深入挖掘和整理三线建设史料、凝练和弘扬三线精神内核、创新传播方式和融入时代精神等措施，让三线精神在新时代继续发扬光大、激励后人不断前行。

第二节 产权问题：三线调整改造中的企业搬迁与关并引发的产权复杂性及其影响

当前制约三线遗产有效利用的核心症结在于产权政策框架的滞后性。三线企业作为国有企业，尤其是中央企业的主要组成部分，其产权归属的特殊性在历经企业搬迁与重组后显得尤为突出。具体而言，调研覆盖的 274 个企事业单位中，央企占比高达 89.8%，凸显了央企在三线建设中的主导地位。然而，20 世纪 80 年代企业搬迁后，遗留的遗产产权仍归属原央企，这些企业因资金匮乏或地理位置偏远，难以承担遗产的开发利用责任，导致遗产长期处于闲置状态。尽管 1992 年国有资产管理局与国务院三线建设调整改造规划办公室曾出台政策，允许遗产和遗址的转让，但由于经济条件的限制，该政策在多数经济欠发达的农村地区难以有效实施。进入 21 世纪后，尽管部分三线遗产产权下放到省级层面，但由于与基层社区脱节，其利用效率依然低下。

一、问题与挑战

（一）管理体制的碎片化：缺乏统一的国家层面指导

三线遗产的利用涉及多个领域，包括军民融合、国有资产监管、工业管理、文物保护以及旅游开发等，形成了一个复杂的管理网络。然而，当前的管理体制呈现出显著的碎片化特征，各部门之间缺乏有效的协调机制与明确的责任划分。中华人民共和国工业和信息化部侧重于企业生产监管，国家文物局专注于文物保护，而中华人民共和国文化和旅游部则主要关注旅游资源的开发利用，这三个部门均未能承担起三线遗产综合利用的主导责任。这种管理体制的碎片化不仅限制了遗产利用的效率与效果，也加剧了政策执行的难度与不确定性。

（二）重复建设与同质化竞争：利用模式的单一性与低效性

三线遗产在利用过程中面临着严重的重复建设与同质化竞争问题。一方面，多个地区纷纷规划建设三线建设博物馆、陈列馆等文化设施，但这些设施往往因缺乏差异化定位与特色内容而难以吸引足够的游客，尤其是对于经济条件相对落后的三线地区而言，更是构成了沉重的经济负担。例如，四川省乐山市金口河区的铁道兵博物馆虽广受好评，但因资金回收周期长而面临运营困境。另一方面，展陈内容的重复性也加剧了遗产利用的低效性。许多博物馆与陈列馆均从中央决策的角度讲述三线建设历史，未能深入挖掘遗产自身的历史价值、自然美学价值及地方人文特色，导致展览内容雷同、缺乏吸引力。此外，文化产业园区的建设也普遍存在照搬东部城市模式的现象，忽视了地方经济文化条件的差异性，导致项目难以落地或运营失败。

（三）遗产保护与利用的科学性缺失：原真性的破坏与资源的浪费

三线遗产作为特定历史时期的产物，具有极高的历史价值与文化意义。然而，由于许多军工企业处于保密状态，且搬迁时带走了大量档案资料，地方政府与民间投资者对三线建设的背景、遗产原属企业的属性、生产活动及产品用途等了解不足。在这种情况下，遗产的自行利用者往往仅凭个人经验进行设计与布局，忽视了遗产的历史原真性与独特性。例如，一些遗址被胡乱改造不仅失去了遗址原有的历史风貌与特色，也削弱了其作为独特旅游资源的吸引力。这种缺乏科学指导的利用方式不仅破坏了遗产的原真性，也造成了宝贵资源的浪费与损失。因此，加强专家团队对遗产档案的挖掘与科学研究、制定科学合理地保护与利用规划显得尤为重要。

二、解决方式与对策

（一）平衡保护与利用的关系：可持续发展模式的构建

在推动三线遗产保护利用的过程中，应始终坚持保护优先的原则，确保遗产的历史价值、文化价值与自然价值得到完整保存。同时，积极探索遗产保护与利用的平衡点，通过合理的规划布局、适度的商业开发等手段，实现遗产的可持续利用。在此基础上，构建政府引导、市场运作、社会参与的多元化投入机制，为遗产保护利用提供充足的资金与技术支持。

针对三线调整改造中企业搬迁与关并导致的产权混乱问题，需从政策、管理、建设、科研及可持续发展等多个维度入手，制定综合性的解决方案，以促进三线遗产的有效保护与合理利用。

（二）发展耐心资本在三线工业遗址活化利用中的重要性

2024 年 4 月，中共中央政治局会议强调，要加强国家战略布局，“积极发展风险投资，壮大耐心资本。”随着中国经济进入高质量发展阶段，新质生产力的培育成为推动经济结构转型升级的核心驱动力。在这一过程中，三线工业遗产的活化利用改造成为促进地方经济发展、实现产业融合与创新的重要途径。然而，三线工业遗址的活化利用改造面临着一系列复杂而艰巨的挑战，其中资金问题尤为突出。耐心资本（patient capital），是长期投资资本的另一种说法，泛指对风险有较高承受力且对资本回报有着较长期限展望的资本，比如私募资本、养老基金、保险资金、主权财富基金。橡树资本联席创始人霍华德·马克斯（Howard Marks）将耐心资本定义为长期价值而非短期回报的投资资本。在三线工业遗址的活化利用改造中，耐心资本能够跨越短期经济波动，为项目的长远发展提供持续稳定的资金支持，从而克服短期资金压力，推动项目的顺利实施和长期发展。

三线工业遗址的活化利用改造是一个复杂而系统的工程，涉及遗址保护、环境整治、功能重塑等多个环节，需要巨额的资金投入和长期的经营管理。然而，由于多种原因，这一过程中面临着严峻的资金挑战。首先，初期投入巨大且回报周期长。三线工业遗址的活化利用需要进行大规模的环境整治和基础设施建设，如道路修缮、建筑修复、景观打造等，这些都需要大量的初期投入。同时，由于活化利用项目往往具有公益性质，其回报周期较长，难以吸引短期资本的介入。

其次，融资渠道单一且成本高昂。目前，三线工业遗址活化利用改造的资金主要来源于政府财政拨款和社会捐赠，融资渠道相对单一。而政府财政拨款往往难以满足项目的巨大资金需求，社会捐赠也缺乏稳定性和持续性。此外，由于项目风险较高，商业银行等传统金融机构往往不愿提供贷款支持，即使提供贷款，其成本也相对较高，增加了项目的财务负担。再次，运营管理复杂且收益不确定。三线工业遗址活化利用后，需要进行长期的运营管理，包括日常维护、活动策划、市场推广等。这些工作需要专业的团队和丰富的经验，但往往由于资金不足和人才匮乏而难以得到有效实施。同时，由于市场需求的不确定性，项目的收益也难以预测和保障，进一步加剧了资金压力。最后，政策支持和市场机制不完善。尽管国家对于三线工业遗产的保护和利用给予了一定的政策支持，但在具体操作层面仍存在诸多不足。例如，相关政策缺乏针对性和可操作性，难以有效引导和激励社会资本参与；市场机制不完善，导致资源配置效率低下，难以实现项目效益的最大化。

面对三线工业遗址活化利用改造中的资金挑战，耐心资本展现出了其独特的优势和作用。耐心资本可通过资源赋能和生态协同等方式深度参与到三线工业遗产活化利用之中，与工业遗产的开发利用建立长期共赢的合作关系。这种方式更契合耐心资本支持企业长期发展的核心理念，同时也凸显了耐心资本与追求短期利润的资本之间的本质差异。资源赋能和生态协同能为工业遗产的开发利用带来除资金之外的价值，如技术、人才和市场资源等，这对于推动工业遗产转型中的科技创新、增强核心竞争力，以及实现跨越性发展至关重要，同时也是促进新质生产力发展的关键因素。

首先，耐心资本能够解决短期资金压力，确保项目的持续推进。在三线工业遗址的活化利用过程中，耐心资本愿意为项目提供长期稳定的资金支持，不受短期经济波动的影响。这种长期性的资金支持能够确保项目在初期建设阶段获得充足的资金保障，避免因资金短缺而导致的项目中断或停滞。同时，耐心资本还能够为项目的后期运营和维护提供持续的资金支持，确保项目的长期稳定发展。

其次，耐心资本能够促进产业升级和创新，提升项目的竞争力。三线工业遗址的活化利用不仅仅是简单的修复和保护，更重要的是通过产业融合与创新，将遗址打造成具有吸引力的文化旅游目的地或创意产业园区。这需要引入新的产业元素和创新模式，而耐心资本正是推动这一过程的重要力量。耐心资本愿意投资于具有长期潜力和创新能力的企业和项目，通过提供资金支持和资源整合，促进项目的产业升级和创新发展。这不仅可以提升项目的竞争力和市场吸引力，还能为地方经济发展注入新的活力和动力。

第三，耐心资本能够优化资源配置，提高资金使用效率。在三线工业遗址的活化利用过程中，耐心资本能够根据项目的实际情况和市场需求，合理配置资源，优化资金使用结构。它不会盲目追求短期回报而忽视项目的长期价值，而是会综合考虑项目的社会效益、经济效益和环境效益，确保每一分钱都用在刀刃上。这种理性的资源配置方式不仅可以提高项目的整体效益，还能降低项目的运营成本和风险。

另外，耐心资本能够促进社会资本参与，形成多元化融资体系。三线工业遗址的活化利用是一个庞大的系统工程，需要政府、企业和社会各界的共同努力。耐心资本的引入可以吸引更多的社会资本参与进来，形成多元化融资体系。这不仅可以减轻政府的财政负担，还能引入市场机制和管理经验，提高项目的运营效率和管理水平。同时，耐心资本还能通过其示范效应和带动作用，引导更多的社会资本关注和支持三线工业遗产的保护和利用工作。

可以说耐心资本在三线工业遗址活化利用改造中将会发挥着不可替代的作用。它能够解决短期资金压力、促进产业升级和创新、优化资源配置、提高资金使用效率以及促进社会资本参与等。然而，耐心资本的发展仍面临诸多挑战和障碍，如资本市场存在短期化倾向、政策支持不足、市场机制不完善等问题。为了推动耐心资本在三线工业遗址活化利用改造中的发展，需要政府、企业和社会各界的共同努力和支持。

第三节
区域合作保护分工问题

在探讨成渝双城在保护三线工业遗产过程中所面临的挑战时，我们不得不深入剖析其背后的多维度、多层次问题。这些问题不仅关乎技术、资金、人才等显性因素，更触及行政体制、法律法规、社会文化等深层次领域。以下是对这一问题的详细剖析，旨在揭示其复杂性与挑战性，并为后续解决方案的提出奠定基础。

一、行政体制障碍与利益协调难题

成渝两地虽在地理上紧密相连，但行政体制的分割却如同一条无形的鸿沟，阻碍了双方在遗产保护上的深度合作。这种分割不仅体现在行政区划的明确界限上，更在于行政管理体系、政策制定与执行方式等方面的显著差异。三线工业遗产的保护工作往往涉及多个政府部门，如文化、文物、规划、环保等部门。而成渝双城由于行政体制的分割，难以形成统一的保护合力。加之遗产保护责任划分不明确，往往导致“九龙治水”的局面，使得保护工作难以有效推进。在经济发展和资源分配的压力下，成渝双城之间可能存在一定的竞争关系。这种竞争不仅体现在经济领域，也可能渗透到文化遗产保护领域。为了争夺有限的资源和政策支持，两地政府可能在遗产保护上采取各自为政的策略，忽视了区域合作的重要性。

三线工业遗产的保护涉及多个利益主体，包括政府、企业、居民、游客等。这些主体在遗产保护中的诉求和利益各不相同，难以达成完全一致的意见。例如，政府可能更注重遗产的历史文化价值和社会效益，而企业则可能更关注其经济价值和开发潜力。在遗产保护与开发过程中，利益分配往往成为各方关注的焦点。由于成渝双城在经济发展水平、资源禀赋等方面存在差异，可能在利益分配上出现不公现象。这种不公不仅会影响各方参与保护工作的积极性，还可能引发社会矛盾和冲突。

目前，成渝双城在遗产保护方面的协调机制尚不健全。虽然两地政府已经意识到合作的重要性，但在实际操作中仍缺乏有效的协调机构和制度保障。这使得在利益协调过程中难以形成有效的沟通和协商机制，导致协调效率低下甚至失败。

二、保护标准与认知差异的挑战

1. 技术标准的差异

三线工业遗产的保护需要依托专业的技术和方法。然而，在成渝双城之间，由于技术水平和发展路径的差异，可能在保护标准上存在分歧。例如，在遗产评估、修复、监测等方面可能采用不同的技术标准和方法，使得保护效果难以统一衡量和评估。

2. 政策导向的偏差

政府政策在遗产保护中起着重要的导向作用。然而，在成渝双城之间，由于政策制定和执行上的差异，可能在保护标准上存在一定的偏差。例如，一些地区可能更注重遗产的保存和展示功能，而另一些地区则可能更强调其经济价值和旅游开发潜力。

3. 国际标准与国内标准的差异

随着全球化的深入发展，三线工业遗产的保护也需要与国际接轨。然而，在成渝双城之间，由于国际标准和国内标准的差异以及衔接不畅等问题，可能在保护标准上存在一定的困惑和挑战。如何平衡国际标准与国内标准的关系成了一个亟待解决的问题。

4. 历史文化的认知差异

三线工业遗产承载着丰富的历史文化信息。然而，在成渝双城之间，由于历史背景、文化传统等方面的差异，可能在遗产价值的认知上存在分歧。一些地区可能更注重其历史意义和文化内涵的挖掘和传承，而另一些地区则可能更关注其现实价值和经济效益的发挥。

5. 社会认同的差异

遗产保护需要得到社会各界的广泛认同和支持。然而，在成渝双城之间，由于社会结构和文化背景的差异，可能在遗产保护的社会认同上存在差异。一些地区可能拥有更为强烈的文化自觉和遗产保护意识，而另一些地区则可能对此持较为淡漠的态度。

6. 学术研究的差异

学术研究在遗产保护中发挥着重要的支撑作用。然而，在成渝双城之间，由于学术资源和研究力量的差异，可能在遗产保护的学术研究上存在差距。

三、法律法规与政策支持的不足

1. 法律法规的空缺

目前，针对三线工业遗产保护的专门性法律法规在成渝双城乃至全国范围内均存在空白。虽然《中华人民共和国文物保护法》等一般性法律法规为文化遗产保护提供了基本框架，但针对三线工业遗产这一特定类型的文化遗产，其特殊性、复杂性和紧迫性并未得到充分体现和有效应对。因此，在实际操作中，往往难以找到直接适用的法律依据，导致保护工作缺乏针对性和有效性。随着时代的变迁和社会的发展，三线工业遗产的保护需求也在不断变化。然而，现有法律法规的修订和完善往往滞后于这些变化，难以及时适应新的保护需求。例如，在遗产的认定、评估、修复、利用等方面，现有法律法规可能缺乏具体的操作指南和标准规范，使得保护工作在实践中难以把握尺度和方向。虽然成渝双城政府可以在国家法律法规的框架内制定地方性法规和政策措施，但在实际操作中，地方立法往往存在不完善、不系统的问题。一些地区可能尚未出台针对三线工业遗产保护的地方性法规，导致保护工作缺乏明确的法律依据和制度保障；而另一些地区虽然出台了相关法规，但可能由于内容过于笼统或缺乏可操作性而难以有效实施。

2. 资金投入不足

三线工业遗产的保护需要大量的资金投入，包括遗产的评估、修复、监测、展示等各个环节。然而，在成渝双城之间，由于经济发展水平、财政状况等因素的差异，在资金投入上存在明显的不平衡现象。一些地区可能由于财政紧张而难以为保护工作提供充足的资金保障；而另一些地区虽然资金相对充裕，但也可能由于其他优先事项而难以将足够的资金投入到遗产保护中。

3. 政策导向不明确

在遗产保护的政策制定中，明确的政策导向是确保遗产保护工作有序开展的关键。然而，在成渝双城之间，由于政策制定过程中的信息不对称、利益博弈等因素的影响，可能在政策导向上存在不明确或不一致的现象。这种不明确或不一致不仅会影响保护工作的整体推进效率，还可能引发各利益主体之间的矛盾和冲突。

4. 激励机制的缺失

有效的激励机制是激发各方参与遗产保护积极性的重要手段。然而，在成渝双城之间，针对遗产保护的激励机制尚不健全。一方面，政府在资金补贴、税收优惠等方面的支持力度不够大，难以吸引更多的企业和个人参与到保护工作中来；另一方面，针对保护成果的奖励和表彰机制也不够完善，难以激发保护工作者的积极性和创造力。

综上所述，成渝双城在保护三线工业遗产的过程中面临着行政体制障碍与利益协调难题、保护标准与认知差异的挑战以及法律法规与政策支持的不足等多重问题。这些问题相互交织、相互影响，构成了保护工作的复杂性和艰巨性。为了破解这些难题并推动保护工作深入开展，我们可以从以下几个方面入手。

（1）加强行政体制改革与区域合作。通过深化行政体制改革和强化区域合作机制建设来打破行政壁垒和利益分割的局面，形成统一的保护合力。

（2）建立统一的保护标准与评估体系。通过制定统一的保护标准和评估体系来规范保护工作的各个环节和流程，确保保护效果的一致性和可比性。

（3）完善法律法规与政策支持体系。通过制定专门的法律法规和完善政策支持体系来为保护工作提供坚实的法律保障和制度支撑。

（4）加强社会动员与公众参与。通过加强社会动员和公众参与来激发社会各界的保护意识和积极性，形成全社会共同关注和支持三线工业遗产保护的良好氛围。

未来，随着成渝地区双城经济圈建设的不断深入和文化遗产保护意识的不断提高，我们有理由相信成渝双城在保护三线工业遗产方面将取得更加显著的成效和更加辉煌的成就。

第七章 重庆三线工业遗产保护与活化利用的思路及对策

锈色新颜

第一节
重庆三线工业遗产保护与活化利用的功能定位与思路

一、新质生产力视域下，与国家战略腹地建设结合

在当前全球经济格局深刻调整、科技革命和产业变革加速推进的背景下，新质生产力的培育与发展已成为推动经济社会高质量发展的关键所在。新质生产力作为一种以科技创新为核心驱动力，深度融合信息技术、智能制造等先进生产要素的生产力形态，不仅代表着生产力的最新发展方向，也是国家竞争力的重要体现。在这一视域下，将重庆三线工业遗产的保护及活化利用与国家战略腹地建设相结合，不仅是对历史遗产的尊重与传承，更是推动区域经济社会转型升级、实现高质量发展的战略选择。

2023年12月，中央经济工作会议提出“优化重大生产力布局，加强国家战略腹地建设”的重大策略，党中央高度重视西部地区发展。2024年4月习近平总书记考察重庆时强调“建设成渝地区双城经济圈是党中央作出的重大战略决策”。2024年的《政府工作报告》再次强调加强国家战略腹地建设的重要性。顾名思义，战略腹地是相较于沿海（沿边）地区而言的。因此，中西部地区必将是国家战略腹地建设的重点区域。成渝地区双城经济圈位于长江上游，与东部沿海地区有数千公里的距离，在国家西部大开发战略推动下，双城经济圈社会经济和科技发展水平不断追赶沿海三大经济增长极。该地区人口众多、土地辽阔、自然资源丰富、经济规模较大、科技力量雄厚、战略地位特殊，是打造新时代国家战略腹地的理想核心承载地区之一。

从价值维度来看，新质生产力的发展对于提升国家竞争力、促进产业升级、优化经济结构等具有重要意义。它不仅能够提高生产效率、降低成本、提升产品质量，还能够推动产业向高端化、智能化、绿色化方向发展，为经济社会可持续发展提供有力支撑。此外，新质生产力的发展还能够促进创新要素的集聚和扩散，激发创新活力，为区域经济社会发展注入新的动力源泉。

重庆作为西部地区的重要城市和国家战略腹地的关键节点，其地理位置优越、交通网络发达、产业基础雄厚，具备成为国家战略腹地核心区域的良好条件。通过加强重庆的战略腹地建设，不仅可以提升区域经济实力和综合竞争力，还能够为西部地区乃至全国的经济社会发展提供有力支撑。同时，重庆作为三线建设的重要基地之一，其丰富的工业遗产资源也为战略腹地建设提供了独特的历

史文化底蕴和产业发展基础。

在新质生产力视域下，将重庆市三线工业遗产的保护活化利用与国家战略腹地建设相结合，需要探索出一条符合区域发展实际和历史文化特色的融合路径。具体而言，可以从以下几个方面入手。

1. 挖掘工业遗产价值，培育新质生产力增长点

重庆市三线工业遗产作为特定历史时期的见证和记忆，蕴含着丰富的技术、文化和社会价值。通过深入挖掘这些价值，可以将其转化为推动新质生产力发展的重要资源。一方面，可以依托现存的三线工业遗产中的先进技术和设备，开展技术改造和创新研发，推动传统产业转型升级；另一方面，可以充分利用三线工业遗产中的文化元素和创意资源，发展文化创意产业和旅游产业等新兴业态，培育新的经济增长点。

2. 加强科技创新引领，推动工业遗产活化利用

科技创新是新质生产力发展的核心驱动力。在保护活化利用三线工业遗产的过程中，应充分发挥科技创新的引领作用。一方面，可以依托高校、科研机构和企业等创新主体，加强科技研发和技术攻关，推动工业遗产保护技术的创新和应用；另一方面，可以运用数字化、智能化等先进技术手段，对工业遗产进行数字化保护和展示利用，提升工业遗产的知名度和影响力。

3. 完善政策保障体系，优化工业遗产保护利用环境

政策保障体系是工业遗产保护利用的重要保障。在推进三线工业遗产保护活化利用的过程中，应不断完善相关政策法规体系，明确保护利用的原则、目标和措施。同时，应加大对工业遗产保护利用的投入力度，提供必要的资金支持和政策优惠；加强部门之间的协调配合和联动机制建设，形成合力，推动工业遗产保护利用工作的顺利开展。

4. 强化社会参与机制，激发工业遗产保护利用活力

社会参与是工业遗产保护利用的重要力量。在推进三线工业遗产保护活化利用的过程中，应强化社会参与机制建设，激发社会各界参与工业遗产保护利用的热情和活力。一方面，可以通过举办展览、讲座、研讨会等形式多样的活动，提高公众对工业遗产的认知度和关注度；另一方面，可以鼓励企业、社会组织和个人等多元主体参与工业遗产保护利用工作，形成政府主导、社会参与的良好局面。

5. 促进区域协同发展，构建工业遗产保护利用共同体

区域协同发展是推动工业遗产保护利用的重要途径。在推进三线工业遗产保护活化利用的过程中，应加强与周边地区的协同合作和联动发展。一方面，可以通过建立跨区域合作机制，共同推进工业遗产资源的普查、评估、保护与利用，形成优势互补、资源共享的发展格局；另一方面，可以依托成渝地区双城经济圈建设的战略机遇，推动区域内工业遗产保护与区域经济社会发展深度融合，实现互利共赢。

在新质生产力视域下，将重庆市三线工业遗产的保护活化利用与国家战略腹地建设相结合是一项具有深远意义的工作。通过挖掘工业遗产价值、加强科技创新引领、完善政策保障体系、强化社会参与机制以及促进区域协同发展等策略的实施，可以推动重庆工业遗产保护活化利用工作的深入开展，为区域经济社会发展注入新的动力源泉。

二、以“成渝地区双城经济圈”为契机创新活化利用

在探讨重庆工业遗产保护活化利用的过程中，成渝地区双城经济圈这一国家战略的实施无疑为工业遗产的开发注入了强大的动力与无限的可能。这一区域发展战略不仅促进了经济、社会、文化的全面协调发展，更为重庆乃至整个西南地区的工业遗产保护与活化利用开辟了新的篇章。以下将从多个维度深入剖析成渝地区双城经济圈建设给工业遗产开发带来的具体机遇。

1. 区域经济一体化的催化作用

成渝地区双城经济圈作为国家级区域发展战略，其核心目标之一是推动区域经济一体化，实现资源高效配置和优势互补。在这一背景下，工业遗产的开发不再局限于单一城市或地区，而是被置于更广阔的区域合作框架之中。重庆作为成渝地区双城经济圈的重要节点城市，其工业遗产资源的保护与活化利用将直接受益于区域经济一体化的催化作用。首先，区域经济一体化为工业遗产的联合开发提供了可能。重庆与成都作为成渝地区双城经济圈的双核，拥有众多具有历史价值的工业遗产。通过加强两市之间的合作与交流，可以共同制定工业遗产保护活化利用规划，实现资源共享、优势互补，形成规模效应和集聚效应。例如，可以联合打造跨区域的工业遗产旅游线路，将重庆的钢铁工业遗址、军工遗址与成都的纺织工业遗址、电子工业遗址等串联起来，形成具有独特魅力的工业文化旅游产品。其次，区域经济一体化有助于拓宽工业遗产开发的资金来源和融资渠道。在区域经济一体化的推动下，成渝地区双城经济圈将吸引更多的社会

资本和外资进入工业遗址开发领域。通过政府引导、市场运作的方式，可以吸引更多的企业和个人参与到工业遗产的保护活化利用中来，形成多元化的投资主体和融资渠道。这不仅可以缓解政府财政压力，还可以提高工业遗产开发的效率和质量。

2. 产业升级与转型的助推器

成渝地区双城经济圈的建设不仅注重经济总量的增长，更强调产业结构的优化和升级。在这一过程中，工业遗产的保护活化利用成为推动产业升级与转型的重要力量。通过深入挖掘工业遗产的科技价值、经济价值和社会价值，可以将其转化为推动区域产业升级与转型的新动力。一方面，工业遗产的保护活化利用可以促进文化创意产业的发展。文化创意产业是以文化为核心、以创意为动力的新兴产业，具有高度的融合性、渗透性和辐射力。重庆的工业遗产蕴含着丰富的历史文化信息和独特的建筑风格，为文化创意产业的发展提供了丰富的素材和灵感。通过将工业遗产与文化创意产业相结合，可以开发出具有市场竞争力的文化创意产品和文化旅游项目，推动文化产业的繁荣发展。另一方面，工业遗产的保护活化利用还可以促进科技创新和成果转化。许多工业遗产中蕴含着先进的科技成果和专利技术，这些成果对于现代工业的发展仍具有重要的借鉴意义。通过深入挖掘和整理这些科技成果，可以将其转化为推动科技创新和成果转化的重要资源。例如，可以利用工业遗产中的旧厂房、旧设备等资源进行科技创新孵化器的建设，为初创企业提供低成本、高效率的创新创业平台；同时，还可以通过与高校、科研机构等合作，共同开展科技研发和技术创新活动，推动科技成果的转化和应用。

3. 文化旅游融合发展的新机遇

随着旅游业的快速发展和人们对文化旅游需求的日益增长，工业遗产旅游逐渐成为一种新兴的旅游形式。成渝地区双城经济圈的建设为重庆工业遗产的旅游开发提供了广阔的市场前景和新的发展机遇。通过深入挖掘工业遗产的文化内涵和旅游价值，可以将其打造成为具有独特魅力的文化旅游目的地。首先，工业遗产旅游有助于丰富旅游产品的类型和层次。传统的旅游产品往往以自然风光和人文景观为主，而工业遗产旅游则以其独特的工业文化和历史底蕴为特色，为游客提供了全新的旅游体验。通过将工业遗址转化为旅游景区或旅游项目，可以开发出多种类型的旅游产品，如工业博物馆、工业遗址公园、工业主题街区等，满足游客的多样化需求。其次，工业遗产旅游有助于提升旅游产业的附加值和竞争力。工业遗产旅游不仅具有观赏性和娱乐性，还具有较强的教育性和参与性。游客在游览过程中可以了解工业历史、感受工业文化、体验工业生产过程等，从而获得更加丰富和深刻的旅游体验。这种独特的旅游体验不仅可以提升旅游产业的附加值和吸引力，还可以增强旅游产业的竞争力和可持续发展能力。此外，工业遗产旅游还有助于促进文化旅游融合发展。文化旅游是以文化为核心、以旅游为载体的新型旅游形式，强调文化与旅游的深度融合和相互促进。通过深入挖掘工业遗产的文化内涵和旅游价值，可以将其与当地的自然风光、民俗文化等相结合，形成具有独特魅力的文化旅游产品。这种文化旅游产品的开发不仅可以丰富旅游市场供给、满足游客多样化需求，还可以促进文化旅游产业的融合发展和转型升级。2021 年上半年，成渝地区在现代基础设施、现代产业、科技创新、公共服务、文化旅游等方面的合作共建重大项目共开工 58 个，开工率 86.6%，累计投资、年度投资分别完成 1537.9 亿元和 414.6 亿元。在文旅投资方面，2021 年四川省签约 88 个文旅投资项目，投资总额达 1336 亿元，投资项目涉及康养旅游、夜间文化和旅游、旅游演艺、数字文化和旅游、影视动漫、红色旅游、文博旅游等新业态。康养旅游、文旅综合体等 2021～2023 年重庆市级重点文旅产业项目共计 129 个。

4. 政策与制度支持的强化保障

成渝地区双城经济圈的建设为重庆工业遗产的保护活化利用提供了有力的政策与制度支持。近年来，中央和地方政府相继出台了一系列关于工业遗产保护利用的政策文件和规划方案，为工业遗产的保护活化利用提供了明确的指导和支持。在政策层面，政府通过制定相关法规和政策文件，明确了工业遗产保护的原则、目标和任务；同时，还通过财政补贴、税收优惠、土地政策等多种手段，为工业遗产的开发提供经济激励和政策扶持。这些政策不仅降低了工业遗产开发的成本和风险，还激发了社会资本参与工业遗产保护利用的积极性。在制度层面，政府加强了工业遗产保护利用的制度建设，完善了相关管理体系和监管机制。一方面，通过设立专门的工业遗产保护管理机构或部门，明确职责分工和协作机制，确保工业遗产保护工作的有序开展；另一方面，通过建立健全工业遗产保护利用的评估、监测和反馈机制，加强对工业遗产开发项目的监管和管理，确保项目符合保护要求并实现可持续发展。此外，政府还积极推动工业遗产保护利用的国际合作与交流。通过与国际组织、外国政府、学术机构等建立合作关系，引进先进的保护理念和技术手段，提升重庆工业遗产保护利用的国际影响力和竞争力。同时，通过举办国际论坛、展览等活动，加强工业遗产保护利用的国际交流与合作，推动全球工业遗产保护事业的共同发展。

5. 社会认知与公众参与度的提升

成渝地区双城经济圈的建设不仅促进了经济社会的快速发展，也提升了社会公众对工业遗产保护利用的认知度和参与度。随着区域经济和文化的繁荣发展和广泛交流，越来越多的人开始关注工业遗产的价值和意义，认识到工业遗产不仅是历史的见证和文化的载体，更是推动城市可持续发展和提升城市竞争力的重要资源。社会认知的提升促使公众更加积极地参与到工业遗产保护与利用行动中来。一方面，公众通过参观工业博物馆、工业遗址公园等场所，了解工业历史和文化，增强对工业遗产的认同感和归属感；另一方面，公众还通过捐款、志愿服务等方式支持工业遗产保护利用工作，为工业遗址的开发贡献自己的力量。此外，政府和社会组织也通过举办各种形式的宣传教育活动，提升公众对工业遗产保护利用的认知度和参与度。例如，通过举办工业遗产保护知识讲座、工业文化旅游节等活动，向公众普及工业遗产保护知识，提高公众的保护意识和参与度；同时，还通过媒体宣传、网络传播等方式，扩大工业遗产保护利用的社会影响力和传播力。

6. 可持续发展的绿色路径

成渝地区双城经济圈的建设强调绿色发展理念，注重生态环境保护和经济社会发展的协调统一。在这一背景下，工业遗产的保护与活化利用也被赋予了新的使命和责任——探索可持续发展的绿色路径。工业遗产的保护活化利用不仅要注重经济效益和社会效益的提升，更要注重生态效益的改善。通过科学规划和合理布局，可以将工业遗址开发与生态环境保护相结合，实现经济效益与生态效益的双赢。例如，在开发工业遗址旅游项目时，可以注重生态环境的保护和修复工作，避免对周边生态环境造成破坏；同时，还可以利用工业遗址中的绿色资源和生态元素，打造具有生态特色的旅游产品和服务项目。此外，工业遗产的保护与活化利用还可以促进城市绿色化转型和可持续发展。通过深入挖掘工业遗产的科技价值和经济价值，可以推动传统产业转型升级和新兴产业培育发展；同时，还可以通过工业遗产的活化利用促进城市空间的优化布局和功能提升，提高城市综合承载能力和可持续发展能力。

成渝地区双城经济圈的建设为重庆工业遗产的开发带来了前所未有的机遇和挑战。通过区域经济一体化的催化作用、产业升级与转型的助推器、文化旅游融合发展的新机遇、政策与制度支持的强化保障、社会认知与公众参与的提升以及可持续发展的绿色路径等多方面的努力和实践，可以推动重庆工业遗产保护与活化利用工作取得更加显著的成效和更加广阔的发展前景。

第二节
重庆三线工业遗产保护与活化利用对策

一、设立统一的部门指导机构

三线建设是中国工业史、建设史、国防军事史的重要组成部分，是中国共产党独立自主进行中国式现代化建设道路艰辛探索的重要阶段。它不仅优化了我国生产力布局，促进了生产资源和要素从经济发达地区向落后地区的流动，还推动了我国西部地区的工业化发展。当前三线建设工业遗产的研究与保护仍面临诸多挑战，包括价值认知不足、保护力度不够、开发利用水平不高等问题。为此，本书建议借鉴国家发展和改革委员会在振兴东北办公室下设立苏联援建的156项重点工程遗址保护利用项目的成功经验，由中央军民融合发展委员会作出决策，在国防科技工业局下设立三线建设企业遗址利用工程项目及办公室，以进一步强化对这一重要历史遗产的保护与利用。

项目办公室的主要职能包括以下内容。

(1) 制定规划与政策：根据国家发展战略和区域发展需求，制定三线建设工业遗产保护与利用的中长期规划及具体政策措施。

(2) 组织协调与指导：组织协调各地方政府、企业和社会力量共同参与三线建设工业遗产的保护与利用工作；指导各地制定具体的保护与利用方案。

(3) 资金筹措与管理：争取国家财政支持和社会资本投入，为三线建设工业遗产的保护与利用提供资金保障；加强对资金使用情况的监督和管理。

(4) 研究与宣传：组织开展三线建设历史与工业遗产的研究工作；加强宣传与教育，提高公众对三线建设历史价值的认识和理解。

另外，项目办应设立完善的组织架构，包括综合管理部门、规划研究部门、保护利用部门以及宣传教育部门等。在人员配置上，应注重引进和培养具有历史学、建筑学、经济学、管理学等多学科背景的复合型人才，以确保工作的高效开展。项目办也应加强政策引导与激励。制定优惠政策，鼓励企业和社会力量参与三线建设工业遗产的保护与利用工作。对于在保护与利用中做出突出贡献的单位和个人给予表彰和奖励；对于破坏或损害工业遗产的行为依法进行处罚。建立健全监督机制。为确保三线建设工业遗产保护与利用工作的顺利推进，必须建立健全有效的监督机制。这包括：内部监督，项目办应设立专门的监督部门，对内部工作流程、资金使用、项目实施效果等进行全面监督，确保各项工作的合规性和高效性；外部监督，邀请专家学者、社会公众、媒体等外部力量参与监督，通过设立投诉举报渠道、开展第三方评估等方式，形成多方参与的监督格局；信息公开，定期公开项目进展、资金使用情况、保护成果等信息，接受社会各界的监督，增强透明度和公信力，促进多元合作与共建共享。三线建设工业遗产的保护与利用需要政府、企业、社会组织及公众等多方力量的共同参与。因此，应积极搭建合作平台，促进各方之间的沟通与协作，形成共建共享的良好局面。政府应发挥主导作用，制定相关政策法规，提供必要的资金支持和政策保障。

二、深化三线建设遗产普查与试点开发

在推动国家历史文化资源保护与利用的战略布局中，针对三线建设遗址的普查与试点开发工作显得尤为重要且迫切。这一工作旨在通过中央层面的统筹规划与地方各级部门的协同合作，深入挖掘并激活三线建设时期遗留下的宝贵历史遗产，不仅为当代社会提供丰富的精神文化资源，也为促进区域经济转型升级、增强文化自信注入新的活力。

深化三线建设遗址普查工作具有较高的学术意义。作为新中国成立后的一次重大战略决策，三线建设不仅深刻改变了我国的工业布局，也为后世留下了丰富的历史文化遗产。这些遗产不仅是物质实体的堆砌，更是新中国工业化进程、国防建设历程及民族精神风貌的集中体现。因此，开展三线建设遗址的普查工作，不仅是对历史记忆的挖掘与整理，更是对中华工业文明内涵的深化与拓展。从学术角度来看，这有助于构建完整、系统的三线建设历史研究体系，为相关领域的研究者提供翔实的数据支持与理论支撑。

三线建设遗址的普查工作可以从以下角度开展。

1. 多学科交叉融合

三线建设遗址普查应采用多学科交叉融合的研究方法，综合运用历史学、考古学、建筑学、地理学、社会学等多个学科的理论与技术手段。历史学为遗址的定性分析提供背景知识；考古学则通过实地发掘与遗物分析揭示遗址的历史价值；建筑学关注遗址的建筑风格与技术特征；地理学则探讨遗址的空间分布与环境影响；社会学则侧重于遗址与当地社会、经济、文化的互动关系。

2. 数字化与智能化技术应用

随着信息技术的飞速发展，数字化与智能化技术已成为文化遗产保护的重要工具。在三线建设遗址普查中，应充分利用遥感测绘、GIS 地理信息系统、无人

机航拍、三维扫描等现代技术手段，实现遗址数据的快速采集、精准处理与可视化展示。同时，借助大数据分析、人工智能等技术手段，对遗址信息进行深度挖掘与智能分析，为遗址的保护与利用提供科学依据。

3. 口述历史与文献整理相结合

口述历史作为非物质文化遗产的重要组成部分，对于补充和完善三线建设遗址的历史记录具有重要意义。通过与遗址周边居民、三线建设亲历者进行访谈，记录他们的亲身经历与感受，可以丰富遗址的历史文化内涵。同时，系统整理相关文献资料，包括政府文件、企业档案、新闻报道、学术论文等，为遗址普查提供全面、客观的历史背景资料。

试点开发作为三线建设遗址保护与利用的关键环节，其策略设计需基于深入的学术研究与科学论证开展。首先，应明确试点开发的目标定位，即探索适合不同类型遗址的保护与利用模式，形成可复制、可推广的经验做法。其次，应注重试点项目的创新性与示范性，通过引入新理念、新技术、新模式，推动遗址保护与利用工作的创新发展。最后，应强化试点项目的监测评估与动态调整机制，确保试点工作的顺利开展与持续改进。

关于三线建设遗址的开发策略实施路径的建议具体如下。

1. 科学选址与分类施策

在普查工作的基础上，根据遗址的历史价值、保存状况、区位条件等因素，科学选取试点项目。同时，针对不同类型遗址的特点与需求，制定个性化的保护与利用方案。例如，对于工业遗产类遗址，可将其改造为博物馆、文化创意产业园区等；对于生活社区类遗址，则可保留原有风貌，融入现代生活元素，打造特色旅游小镇或民宿集群。

2. 注重社区参与与文化传承

试点项目的成功实施离不开当地社区的积极参与。因此，在项目开发过程中应充分尊重社区居民的意愿与利益诉求，引导社区居民参与遗址的保护与利用工作。同时，注重传承与弘扬三线精神这一独特的文化遗产价值。通过组织各种形式的文化活动、教育宣传等手段，提高公众对三线精神的认识与认同度，激发其保护遗址、传承文化的自觉性与积极性。

3. 加强监测评估与动态调整

为确保试点项目的顺利实施与持续改进，应建立健全监测评估机制。定期对项目进展情况进行跟踪检查与评估分析，及时发现并解决问题。同时，根据评估结果及时调整优化保护利用方案与政策措施，确保试点项目达到预期目标与效果。

普查工作的核心在于全面梳理与评估三线建设时期遗留下来的各类遗址，包括但不限于工业厂房、科研设施、生活区、交通线路及配套设施等，这些遗址不仅承载着深厚的历史记忆，也是国家工业化进程和国防现代化建设的实物见证。普查过程需遵循科学严谨的原则，采用现代化信息技术手段，如遥感测绘、GIS地理信息系统等，结合实地踏勘与口述历史收集，确保数据的准确性与完整性。在此基础上，建立详尽的三线遗址数据库，为后续的保护、开发与利用奠定坚实基础。

在普查基础上，应精心选取十到几十处条件相对成熟且具有高度代表性的三线遗址作为试点，这些试点应涵盖不同类型的遗址，如工业遗产、科研旧址、生活社区等，以体现三线建设的多样性和全面性。针对各试点遗址的不同特点，采取分类施策的策略，设计个性化的保护与利用方案。例如，对于保存状况良好、历史价值突出的工业遗产，可考虑将其改造为博物馆、文化创意园区或科普教育基地；对于生活社区，则可通过保留原有风貌、引入现代生活设施，打造特色旅游小镇或民宿集群，既保护历史记忆，又促进当地经济发展。

试点工作的关键在于探索与积累经验，通过实践验证保护模式的可行性、开发利用的经济效益与社会效益，以及文化传承与创新的有效路径。为此，应建立健全监测评估机制，定期对试点项目的实施效果进行评估，及时调整优化策略。同时，鼓励试点地区之间开展交流合作，共享成功经验，形成可复制、可推广的模式，为后续在全国范围内推广三线遗址保护与利用提供示范与指导。

三、鼓励以改革创新带动开发利用

在深入探讨三线建设遗址与遗产的活化利用策略时，不可避免地触及一个复杂而核心的问题——产权问题。这一历史遗留的难题，如同一道厚重的屏障，阻碍了众多具有深厚历史与文化价值的工业遗产的有效开发与再利用。然而，面对挑战，更应秉持改革创新的精神，以开放包容的姿态，探索出一条既保护遗产价值，又促进地方经济社会发展的新路径。

三线建设时期，国家出于战略安全的考虑，将大量工业资源转移至中西部偏远地区，建设了众多军工企业和配套设施。这一决策在当时的历史条件下无疑是英明且必要的，但同时也为后续的产权问题埋下了伏笔。由于建设过程涉及多个部门、地区和单位的协作，产权归属复杂多样，难以明确界定。随着时间的推移，部分企业完成历史使命后搬迁回城，留下的遗址和遗产则因产权不清而陷入闲置和荒废的境地。产权问题的复杂性不仅体现在归属不明上，更在于其背后的利益纠葛。一方面，这些工业遗产作为国有资产，具有不可替代的历史和文化价值，需要得到妥善保护和利用；另一方面，地方政府和当地居民也渴望通过开发利用这些遗产来促进地方经济发展和改善生活条件。然而，由于产权问题未得到有效解决，各方利益难以协调，许多有价值的工业遗产无法得到充分的保护和利用。

面对产权问题的挑战，我们不能故步自封，而应积极探索以改革创新为驱动的解决方案。具体而言，可以从以下几个方面入手。

1. 建立多方参与的合作机制

针对产权问题，可以借鉴国内外先进的合作开发经验，建立政府、企业、社会组织以及当地居民共同参与的合作机制。设立特别管理委员会或基金会等机构，负责遗址与遗产的日常管理和运营。这些机构应具有广泛的代表性和专业性，能够充分反映各方利益诉求，并制定出科学合理的保护利用方案。同时，引入社会资本和专业技术力量，通过合资、合作等方式共同参与开发和利用，形成多方共赢的局面。

2. 创新产权管理机制

在共同合作开发的基础上，需要进一步创新产权管理机制。一方面，要明确界定产权归属和权责关系，防止国有资产流失；另一方面，要鼓励和支持地方政府和当地居民参与遗产的开发利用，激发他们的积极性和创造力。可以探索建立产权共享机制，让各方在合作中共享收益、共担风险。同时，加强对产权交易的监管和规范，确保交易过程的公开、公平、公正。

3. 加强政策支持和资金投入

政府应充分发挥主导作用，加大对三线建设遗址与遗产活化利用的政策支持和资金投入力度。通过制定优惠政策、提供财政补贴、引入社会资本等方式，为遗产的开发利用提供有力保障。同时，加强与地方政府的沟通协调，争取更多的政策支持和资金投入。此外，还可以探索设立专项基金或债券等方式，为遗产的保护和利用提供长期稳定的资金来源。

4. 注重生态修复与环境保护

在活化利用的过程中，必须高度重视生态修复与环境保护工作。三线建设时期的一些遗址和设施可能对环境造成了一定的破坏和污染。因此，在开发利用之前，必须首先进行生态修复和环境治理工作，确保遗址与遗产所在地区的生态环境得到有效改善和保护。同时，在开发利用过程中也要注重生态环境的可持续发展，避免过度开发和利用对环境造成新的破坏和污染。

5. 深入挖掘历史文化内涵与时代价值

三线建设遗址与遗产不仅是物质文化遗产的重要组成部分，更是中华民族宝贵的精神财富。在活化利用的过程中，应深入挖掘其历史文化内涵和时代价值，通过举办展览、出版书籍、拍摄影视作品等多种方式广泛宣传和传播。同时，要注重与现代社会的融合与发展，将遗址与遗产打造成具有鲜明特色和独特魅力的文化旅游目的地和爱国主义教育基地。这样不仅可以提升遗产的知名度和影响力，还可以为地方经济社会发展注入新的动力和活力。

6. 借鉴改革创新的具体实践案例

为了更具体地说明以改革创新带动三线建设遗址与遗产活化利用的路径和方法，可以借鉴一些成功的实践案例。例如，重庆市在推进三线建设遗址与遗产的活化利用过程中就取得了显著成效。他们通过建立多方参与的合作机制、创新产权管理机制、加强政策支持和资金投入以及注重生态修复与环境保护等措施，成功地将一批具有历史价值的工业遗产转化为推动地方经济社会发展的重要资源。其中，816 地下核工程遗址的活化利用就是一个典型的成功案例。该遗址通过科学合理的规划和设计，被改造成了一个集展览、教育、旅游等功能于一体的综合性文化旅游目的地，吸引了大量游客前来参观和学习。

以改革创新为引擎驱动三线建设遗址与遗产的活化利用是一项具有深远意义的工作。它不仅能够让人们更好地铭记历史、传承精神，还能够为地方经济社会发展注入新的动力和活力，更能够为探索中国式现代化道路提供宝贵的历史经验和智慧。因此，应该以高度的责任感和使命感投入到这项工作中去，不断创新思路和方法、汇聚各方力量和资源、共同推动三线建设遗址与遗产在新时代焕发出新的生机与活力。

四、深化专项资金的精准投放与专家智力支持的系统构建

在进一步深入探讨由国家提供专项资金并组织专家智力支持以推动三线建设遗址与工业遗产活化利用的议题时，需要从多个维度进行更为细致和学术化的分析。从国家层面提供专项资金与专家智力支持，是确保这一历史遗产得到有效保护和合理利用的关键所在。

1. 资金需求的精准识别

在专项资金投放前，需通过详尽的调研与评估，精准识别三线建设遗址的保护与利用资金需求。这包括遗址的修缮费用、保护设施的建设成本、周边环境的整治费用以及科研项目的资金需求等。同时，还需考虑不同地区、不同类型遗址的特殊性，制定差异化的资金支持方案。

2. 资金使用的绩效导向

为确保专项资金的使用效益最大化，应建立绩效导向的资金管理机制。通过

设定明确的目标和指标体系，对资金的使用过程进行动态监控和绩效评估。对表现优异的项目给予更多支持，对效果不佳的项目及时调整或终止资金支持，以确保资金的精准投放和有效利用。

3. 资金与政策的协同作用

专项资金的使用应与国家相关政策紧密结合，形成政策与资金的协同效应。例如，可以将专项资金与乡村振兴战略、区域协调发展战略等相结合，通过政策引导和资金支持，推动三线建设遗址所在地区的经济社会发展。

4. 跨学科研究平台的搭建

为了全面深入地研究三线建设遗址的价值与保护利用策略，需要搭建跨学科的研究平台。该平台应汇聚历史学、文化学、建筑学、经济学、社会学、环境科学等多个领域的专家学者，形成多学科交叉融合的研究团队。通过定期举办学术研讨会、工作坊等活动，促进不同学科之间的交流与合作，共同推动三线建设遗址研究的深入发展。

5. 研究方法的创新与运用

在专家智力支持的过程中，应注重研究方法的创新与运用。可以采用定量分析与定性分析相结合的方法，对三线建设遗址的现状、价值及问题进行全面评估；运用 GIS、大数据等现代信息技术手段，对遗址的空间分布、历史变迁等进行精准描绘与分析；借鉴国际先进的工业遗产保护与利用经验，结合中国国情和实际情况进行本土化创新。

6. 科研成果的转化与应用

专家智力支持的最终目的是推动科研成果的转化与应用。因此，在研究过程中应注重科研成果的实用性和可操作性。通过制定具体的保护与利用方案、规划设计、技术标准等实用性成果，为地方政府、企业和社会各界提供切实可行的指导与支持。同时，加强与政府、企业和社会各界的合作与交流，共同推动三线建设遗址保护与利用工作的深入开展。

7. 资金引导智力聚集

建立资金与智力支持的互动机制。专项资金的投放应成为引导专家智力聚集的重要杠杆。通过设立科研项目资助、奖励机制等方式，吸引更多优秀的专家学者参与到三线建设遗址的研究与保护利用工作中来。同时，加强与高校、科研院所等机构的合作与交流，形成产、学、研、用一体化的创新体系。

8. 智力驱动资金增值

专家的智力支持不仅能为专项资金的使用提供科学指导和有效支持，还能通过科研成果的转化与应用实现资金的增值。例如，通过制定科学合理的保护与利用方案，提高遗址的吸引力和市场竞争力；通过举办文化活动、旅游推广等方式，吸引游客和投资者关注遗址的保护与利用工作，从而带动当地经济社会发展。

9. 构建资金与智力的长效互动机制

为了确保资金与智力支持能够持续发挥作用，需要构建长效的互动机制。这包括建立定期评估与反馈机制、完善资金与项目的对接机制、加强人才培养与引进机制等。通过这些机制的建设与完善，确保资金与智力支持的持续性和有效性，为三线建设遗址的活化利用提供有力保障。

由国家提供专项资金并组织专家智力支持是推动三线建设遗址与工业遗产活化利用的重要途径。通过精准投放专项资金、构建专家智力支持系统以及建立资金与智力的长效互动机制等措施的实施，可以确保这一历史遗产得到有效保护和合理利用。在未来的工作中，我们应继续深化对三线建设遗址价值的研究与认识，不断探索新的保护与利用模式和方法，为推动我国工业遗产保护事业的繁荣发展贡献力量。

五、健全法律体系和完善管理制度

在构建针对三线建设遗址与工业遗产保护的法律体系时，必须确保其系统性与前瞻性。系统性意味着法律体系应涵盖遗产识别、登记、评估、保护、利用、监管等各个环节，形成闭环管理。前瞻性则要求法律能够预见未来可能出现的问题与挑战，如技术革新带来的保护方式变化、市场需求变化对遗产利用方式的影响等，并为此预留法律空间。

立法原则与核心价值。立法过程中，应明确几个核心原则与价值取向：一是“保护为主、抢救第一”的原则，确保珍贵的工业遗产不因时间流逝而损毁；二是“合理利用、传承发展”的原则，鼓励在保护的基础上进行科学合理的利用，实现遗产价值的最大化；三是“公众参与、多方共治”的原则，强调政府、企业、社会组织及公众在遗产保护中的共同责任与作用。同时，应将三线建设精神、工业文化等核心价值融入法律体系之中，使之成为全社会共同遵守的行为准则。

1. 专项立法与配套政策的完善

鉴于三线建设遗址与工业遗产的特殊性，建议制定专门的法律法规，明确遗产的认定标准、保护范围、保护措施、利用方式及法律责任等。同时，应完善配套政策，如财政补贴政策、税收优惠政策、技术支持政策等，为遗产保护提供强有力的政策支持与保障。

2. 部门协同机制的细化实施

为确保城建部门与产业发展管理部门在城市更新与遗产保护中的协同联动，需进一步细化实施机制。首先，应明确各部门的具体职责与分工，建立清晰的责任体系。其次，通过定期召开联席会议、建立信息共享平台、开展联合执法等方式，加强部门间的沟通与合作。此外，还应建立考核机制与激励机制，对协同工作中表现突出的部门和个人给予表彰与奖励，激发其积极性与创造力。

3. 项目管理要科学化与精细化

在项目管理方面，应引入科学的管理方法与手段，提高管理效率与质量。一是建立项目库管理制度，对遗产保护项目进行全生命周期管理；二是优化审批流程，简化审批手续，提高审批效率；三是加强监管力度，建立事中、事后监管机制，确保项目按规划实施并取得预期效果；四是开展绩效评估与反馈工作，及时总结经验教训并调整完善管理措施。

4. 社会力量与公众参与的激活

在遗产保护与管理中，社会力量与公众参与的作用不可忽视。应通过建立多元化的参与渠道与平台，鼓励企业、社会组织、专家学者及公众积极投身到遗产保护事业中来。具体而言，可以通过开展宣传教育活动、举办专题展览与论坛、设立公益基金等方式激发社会各界的参与热情；同时建立反馈机制与监督机制，确保公众的知情权、参与权、表达权与监督权得到充分保障。

5. 理论研究与实践探索的相互促进

在健全法律体系与完善管理制度的过程中，还应注重理论研究与实践探索的相互促进。一方面通过加强学术研究深化对三线建设遗址与工业遗产价值的认识与理解；另一方面通过实践探索积累经验教训，为理论研究提供案例支撑与数据支持。二者相辅相成共同推动三线建设遗址与工业遗产保护事业的持续健康发展。

总之，健全法律体系与完善管理制度是推动三线建设遗址与工业遗产活化利用的重要保障。通过构建科学合理的法律体系与政策体系、完善部门协同机制与项目管理制度、激活社会力量与公众参与等途径可以为遗产保护提供坚实的制度保障与政策支持，从而推动遗产价值的最大化实现与传承发展。

六、发挥市场机制和激活市场主体，引导耐心资本介入

在深入探讨如何进一步发挥市场机制、激活市场主体，引导耐心资本进入并精准投放专项资金，且完善讲述三线精神的宣传手段时，我们需要从更加细微和深入的层面进行学术化分析，结合历史、文化、经济等多重视角，构建一套全面而系统的策略框架。

市场机制与市场主体的深度激活。资本市场的精准对接与长期投资相结合，市场机制的核心在于资本的流动与配置。为了有效激活市场主体，我们需要构建一个精准的资本市场对接机制，吸引长期稳定的投资者。这包括设立专项投资基金，如“三线建设遗址保护与利用基金”，以政策引导、税收优惠等方式吸引社会资本和海外资本的参与。同时，应鼓励保险公司、养老金管理部门等长期投资机构参与此类项目，确保资金的稳定性和可持续性。

市场主体的多元化与专业化发展。市场主体不仅仅是企业，还应包括非政府组织、研究机构、社会团体等多个层面。为了促进市场主体的多元化与专业化发展，我们可以采取以下措施：一是鼓励跨行业合作，如旅游与文化产业、教育与科研机构的结合，形成优势互补；二是建立专业服务机构，如三线建设遗址保护咨询公司、规划设计公司等，提供专业的技术支持和服务；三是推动行业协会与联盟的成立，加强行业自律与协作，提升整体服务水平。

产权制度与交易市场的完善。产权的清晰界定与交易市场的完善是市场机制有效运作的基础。针对三线建设遗址产权不清的问题，应加快推进产权确权工作，明确产权归属，并建立健全的产权交易制度。同时，可以探索建立三线建设遗址产权交易市场或平台，为产权交易提供便捷、透明的渠道。此外，还应加强产权保护力度，打击非法交易和侵权行为，维护市场秩序。

工业遗产的保护与活化利用面临诸多挑战，其中资金短缺是一个突出问题。本节引入耐心资本理论，探讨其在重庆三线工业遗产保护与活化利用中的应用，旨在构建多层次、长期的资本供应体系，为工业遗产的可持续发展提供资金支持。通过政策引导、市场化运作、社区参与和国际合作等多维度策略，推动重庆三线工业遗产的有效保护与活化，实现文化遗产保护与经济社会发展的双赢。

耐心资本，作为一种长期投资资本，以其投资周期长、风险承受能力强等特点，在支持前沿产业和长期产业发展中发挥着重要作用。耐心资本的聚集对市场要素配置提出更高要求，需要依托政策创新、市场化改革等手段，激发其发展壮大的潜力。耐心资本的重要性在于其能够为具有长期价值但短期回报不明显的项目提供持续的资金支持，这对于工业遗产的保护与活化利用尤为重要。工业遗产

的保护与活化利用往往需要大量的资金投入，且回报周期较长。这些项目不仅涉及物质遗产的修复和保护，还包括文化遗产的传承与创新、旅游资源的开发与整合等多个方面。因此，耐心资本理论为工业遗产的保护与活化利用提供了一种新的资金筹措思路，即通过构建多层次、长期的资本供应体系，为项目提供稳定的资金支持。

将耐心资本理论融入重庆三线工业遗产的保护与活化利用中，可以构建多层次、长期的资本供应体系，为项目提供稳定的资金支持。具体来说，资本供应体系可以从以下几个方面入手。

1. 政策引导与财政支持

政府应加大对重庆三线工业遗产保护与活化的政策引导和财政支持力度。通过制定相关政策，明确工业遗产的保护标准、活化方向和支持措施，引导社会资本积极参与工业遗产的保护与活化。同时，政府可以通过设立专项基金、提供财政补贴等方式，为工业遗产的保护与活化提供直接的资金支持。例如，政府可以设立“重庆三线工业遗产保护与活化专项基金”，用于支持工业遗产的修复、保护、研究、展示和旅游开发等方面。此外，政府还可以通过税收优惠、土地政策等手段，鼓励企业和个人参与工业遗产的保护与活化。

2. 市场化运作与资本引入

通过市场化运作，引入耐心资本等长期投资资本，为重庆三线工业遗产的保护与活化提供更为稳定的资金来源。可以通过设立投资基金、发行债券、股权融资等方式，吸引社会资本参与工业遗产的保护与活化。同时，可以探索建立工业遗产保护与活化的 PPP 模式（政府和社会资本合作），实现政府、企业和社会多方共赢。例如，可以设立“重庆三线工业遗产保护与活化投资基金”，通过市场化运作吸引社会资本参与。该基金可以投资于工业遗产的修复、保护、旅游开发等方面，同时也可以为相关企业提供融资支持。此外，还可以探索建立工业遗产旅游开发的联合投资项目，通过政府引导和社会资本参与，共同推动工业遗产的旅游开发。

3. 多层次资本供应体系的构建

构建多层次、长期的资本供应体系，为重庆三线工业遗产的保护与活化提供全方位的资金支持。可以通过整合政府、企业、社会和个人等多方面的资源，形成多元化的资本供应渠道。同时，可以探索建立工业遗产保护与活化的风险投资机制，为具有创新性和成长性的项目提供风险投资支持。例如，可以建立“重庆三线工业遗产保护与活化多层次资本供应体系”，包括政府财政支持、社会资本投入、风险投资支持等多个层次。政府可以通过设立专项基金、提供财政补贴等方式为项目提供基础支持；社会资本可以通过投资基金、股权融资等方式为项目提供市场化运作的资金支持；风险投资可以通过对具有创新性和成长性的项目进行投资，为项目提供长期发展的动力。

为了充分发挥耐心资本在重庆三线工业遗产保护与活化中的作用，需要制定具体的路径与策略，推动市场化运作与产业融合。通过市场化运作和产业融合，推动重庆三线工业遗产的保护与活化进程。可以引入市场机制，通过投资基金、股权融资等方式吸引社会资本参与工业遗产的保护与活化；同时，还可以探索将工业遗产保护与活化与文化产业、旅游产业等相结合，实现产业融合发展。例如，可以设立“重庆三线工业遗产旅游开发公司”，通过市场化运作吸引社会资本参与工业遗产的旅游开发工作。该公司可以与当地文化企业和旅游企业合作，共同打造具有地方特色的工业遗产旅游产品；同时，还可以利用工业遗产的独特资源，开展文化创意、研学旅游等多种形式的产业活动。将耐心资本理论融入重庆三线工业遗产的保护与活化利用中，对于促进区域发展、激发创新活力具有重要意义。通过构建多层次、长期的资本供应体系，可以为工业遗产的保护与活化提供稳定的资金支持；同时，通过制定具体的路径与策略，可以推动工业遗产的保护与活化进程不断向前发展。

在进一步深入探讨由国家提供专项资金推动三线建设遗址与工业遗产活化利用的议题时，我们需要从多个维度进行更为细致和学术化的分析。与引导耐心资本投入同样重要的是从国家层面提供专项资金，也是确保这一历史遗产得到有效保护和合理利用的关键所在。

资金需求的精准识别。在专项资金投放前，需通过详尽的调研与评估，精准识别三线建设遗址的保护与利用资金需求。这包括遗址的修缮费用、保护设施的建设成本、周边环境的整治费用以及科研项目的资金需求等。同时，还需考虑不同地区、不同类型遗址的特殊性，制定差异化的资金支持方案。资金使用的绩效导向。为确保专项资金的使用效益最大化，应建立绩效导向的资金管理机制。通过设定明确的目标和指标体系，对资金的使用过程进行动态监控和绩效评估。对表现优异的项目给予更多支持，对效果不佳的项目及时调整或终止资金支持，以确保资金的精准投放和有效利用。资金与政策的协同作用。专项资金的使用应与国家相关政策紧密结合，形成政策与资金的协同效应。例如，可以将专项资金与乡村振兴战略、区域协调发展战略等相结合，通过政策引导和资金支持，推动三线建设遗址所在地区的经济社会发展。构建资金与智力的长效互动机制。为了确保资金与智力支持能够持续发挥作用，需要构建长效的互动机制。这包括建立定期评估与反馈机制、完善资金与项目的对接机制、加强人才培养与引进机制等。

通过这些机制的建设与完善，确保资金与智力支持的持续性和有效性，为三线建设遗址的活化利用提供有力保障。

由政府提供专项资金并引导耐心资本投入是推动重庆三线建设遗址与工业遗产活化利用的重要途径。通过引导耐心资本投入、精准投放专项资金以及建立资金的长效互动机制等措施的实施，可以确保这一历史遗产得到有效保护和合理利用。

七、挖掘遗产特色和打造产业链条

探索三线遗产多元多类的开发方式。一是制定“重庆市三线遗产认定和评价方法”，采取分级分类制度保护三线遗产。对于承接单位多是机关事业单位的整体利用型遗址，可参考借鉴建立在重庆市南川区原国营宁江机械厂旧址上的南川区监狱，鼓励承接单位建立三线建设陈列室，反映当时当地三线建设成绩；对于局部利用型遗址，可参考借鉴江津 2383 热火文创园，由当地政府在遗址立碑以追述记录当年建厂情况；对于整体废弃型遗址，建议各级政府、相关部门会同产权部门抓紧制定整体保护利用规划，采取“代建—运营—移交”模式，实施重点开发利用。二是建设重庆三线文化产业基地。建设重庆市三线建设博物馆，打造“三线博物馆文物志愿者”团队。借鉴攀枝花、六盘水相关经验，结合重庆三线遗产的优势和特色，高标准建设重庆市三线建设博物馆。同时，涪陵 816 工程遗址作为重庆三线遗产开发的代表性案例，观赏性强、影响力大，且城区交通便利，建议作为博物馆的重点选址之一。可打造一支“博物馆文物志愿者”团队，优先选取原厂区员工，激发其参与感、认同感。

强化地方特色，在“一城一策”原则指导下编制城市更新促进新质生产力发展的规划实施方案。为了防止以城市更新促进新质生产力发展的相关政策流失，需要加强中央层面的指导和监督，要求有条件的地方必须编制规划实施方案。对于新质生产力不能采取“千篇一律”的发展模式，还应该充分尊重地方实际，强调地方特色，鼓励有关地方政府采取有些特色的城市更新改造模式。

以系统性思维，打造新质生产力发展的产业生态空间。发展新质生产力不是发展一个孤立的产业，而是要构建一个聚合高科技、数字化、低碳化、融合性的产业体系。这个产业体系的各个环节都牵涉到产业空间的营造，各个产业空间又相互关联、互为支撑，共同构成一个高度协同关联的产业空间体系，跨行业关联、跨业态关联、跨地区关联是其基本特征。因此，城市更新要摒弃封闭思维，注重以产业关联的视角做好产业空间体系布局，助力打造新质生产力相关产业的全产业链条。

借鉴国内外成功经验，对三线工业建筑进行改造，让工业遗址“活”起来。

对老旧厂房进行改造，唤醒“沉睡”的资源，是保护利用三线工业遗产的一个重要举措。国内对工业遗址改造较为成功的是北京的798艺术区，其前身是“北京华北无线电联合器材厂”。在对原有工业遗址保护的前提下，艺术家们对其进行改造，使其涅槃重生为画室、展厅、艺术中心、艺术家工作室、时尚店铺、餐饮酒吧等各种空间的聚合，成为当今中国最具特色和影响力的文化创意产业基地和世界著名的文化创意产业园区，堪称国内工业遗址改造和工业旅游发展最为成功的一个典范。国外转型较为成功的是德国的鲁尔工业区，曾经是工业废弃地，德国人将其沉寂的车间、荒芜的构筑、老旧的机械设备全都保存下来加以改造，经过近20年的改造更新，鲁尔工业区优雅转身，走上了健康发展的道路，现在已成为融观光、游乐、休闲、运动、会议、度假、体验、居住等功能于一体的旅游综合体，并被联合国教科文组织批准为世界文化遗产。而我国贵州省遵义市1964文化创意园的建成，在盘活遵义三线建设遗址方面也走出了可喜的一步。位于遵义市汇川区温州路的1964文化创意园暨遵义三线建设展示馆，就是以原贵州长征电器集团公司长征12厂原址为主体改建而成。作为曾经的三线工业遗址，工业时代的痕迹还在，但“摇身一变”，成了一个集创意、时尚、休闲、怀旧于一体的文化创意园区，并成为遵义中心城区的文化新地标，拓宽了遵义旅游空间。

三线建设持续的时间很长，为后人留下了大量的宝贵遗产。要充分保护和利用这些遗留下来的隐形财富，结合如今的经济发展模式，带动当地经济发展，同时，应增强人们对三线建设的独有记忆，继承和发扬三线精神，让三线精神永存于人心。

八、优化城市规划与提质配套设施

在探讨如何优化城市规划与提质配套设施，以构建协同开发三线遗产的整体布局时，我们需深入剖析其多维度、多层次的战略意义与实施路径。这一过程不仅关乎对特定历史时期工业遗产的有效保护与合理利用，更涉及区域经济的协同发展、文化旅游的深度融合以及社会记忆的传承与弘扬。以下是对“优化城市规划和提质配套设施”这一议题的全面阐述，旨在以学术视角深入探讨其背后的逻辑与策略。

三线建设孕育了丰富的工业遗产资源。这些遗产不仅是物质形态的存在，更是精神文化的载体，承载着特定时代的记忆与价值。因此，优化城市规划与提质配套设施，对于协同开发三线遗产、实现其综合价值具有重要意义

1. 深度融入区域发展战略，设计特色旅游线路

在优化城市规划的过程中，应充分考虑如何将三线遗产纳入区域发展的大局

之中，特别是与巴蜀文旅走廊建设的深度融合。巴蜀地区作为三线建设的重要区域，其丰富的文化遗产与自然景观为设计特色旅游线路提供了得天独厚的条件。具体而言，可围绕“巴蜀地区三线怀旧旅游路线”的构想，进行如下布局。首先，需明确线路的核心节点与连接带。将三线遗产集聚中心作为线路的核心，这些中心往往集中了大量的三线工厂旧址、生活区及配套设施，具有较高的历史价值与旅游吸引力。同时，依托长江沿岸及成渝黔公路沿线的自然与人文景观，构建三线遗产集聚带，使游客在体验三线文化的同时，也能领略到巴蜀地区的独特风光。其次，深入挖掘并打造特色旅游项目。以“巴蜀地区三线石油怀旧专线”为例，可围绕江津 32111 钻井队英雄事迹进行深度挖掘，通过建设纪念馆、展览馆等形式，生动再现当年的艰苦奋斗历程。同时，联动泸州 32111 石油主题文化公园，实现资源共享与旅游联动，为游客提供一站式、沉浸式的怀旧体验。

2. 加强省际合作，创设三线遗产保护联盟

鉴于三线遗产分布的广泛性及其价值的多元性，加强省际合作、创设三线遗产保护联盟显得尤为重要。这不仅能有效提升各地对三线文化的研究与开发能力，还能促进资源的共享与互补，形成整体合力。一方面，应深化西部省际开发合作机制，建立常态化的沟通与协调平台。通过定期召开学术论坛、会展、路演、推广等活动，加强各地在三线文化领域的交流与合作，共同推动研究成果的转化与应用。同时，利用现代信息技术手段，建立三线遗产保护与管理的数据库与信息系统，实现资源共享与数据互通。另一方面，应推动我市由三线文化节点城市向三线文化枢纽城市的转化。通过提升城市的文化软实力与旅游影响力，吸引更多的游客与投资者关注三线遗产的保护与开发。同时，加强与周边城市的合作与联动，共同打造跨区域的三线遗产旅游资源共享网络，实现优势互补与互利共赢。

3. 完善配套设施与服务体系，提升旅游体验品质

在协同开发三线遗产的过程中，完善配套设施与服务体系是提升旅游体验品质的关键所在。这包括但不限于交通、住宿、餐饮、购物及娱乐等多个方面。在交通方面，应优化区域交通网络布局，提升旅游线路的通达性与便捷性。通过增设旅游专线、完善公共交通设施等方式，降低游客的出行成本与时间成本。同时，加强旅游景点的停车场、游客服务中心等基础设施建设，提高旅游服务的整体水平。在住宿与餐饮方面，应充分考虑游客的多元化需求。通过引入高品质的酒店、民宿等住宿设施，为游客提供舒适、便捷的住宿环境。同时，挖掘当地特色美食文化，打造具有三线特色的餐饮品牌与美食街区，让游客在品尝美食的同时也能感受到三线文化的独特魅力。在购物与娱乐方面，应丰富旅游产品的种类与层次。通过开发具有三线特色的文创产品、纪念品等旅游商品，满足游客的购物需求。同时，结合当地的文化资源与旅游资源，打造一系列具有三线文化元素的娱乐活动与体验项目，如文化演出、主题展览、互动体验等，为游客提供更加丰富、多样的旅游体验。

4. 强化政策引导与资金支持，保障规划实施

为确保三线遗产保护与开发的顺利实施，必须强化政策引导与资金支持。一方面，应制定和完善相关政策法规体系，明确三线遗产保护与开发的指导思想、基本原则、目标任务及保障措施等。通过法律法规的刚性约束与规范引导，确保各项工作的有序开展与有效落实。另一方面，应加大资金投入力度，为三线遗产保护与开发提供坚实的物质保障。政府应设立专项基金或引导社会资本投入，支持三线遗产的修缮、保护、研究与开发等工作。同时，通过税收优惠、土地政策等激励措施，吸引更多的企业与社会力量参与到三线遗产的保护与开发中来。

综上所述，优化城市规划与提质配套设施是协同开发三线遗产、实现其综合价值的重要途径。通过深度融入区域发展战略、设计特色旅游线路，不仅能够丰富游客的旅游体验，还能促进区域经济的协同发展；通过加强省际合作、创设三线遗产保护联盟，可以形成研究、开发、保护与利用的合力，推动三线文化的传承与发展；通过完善配套设施与服务体系，能够显著提升旅游体验品质，满足游客的多元化需求；而强化政策引导与资金支持，则是确保各项规划得以顺利实施的重要保障。

在实施过程中，需注重以下几个方面的平衡与协调。一是历史与现代的融合。在保护三线遗产的同时，要注重与现代城市发展的有机融合，既要保留历史风貌与文化底蕴，又要满足现代生活的需求与审美。二是经济与文化的并重。在开发三线遗产的过程中，要兼顾经济效益与文化效益的双重目标，既要实现遗产的合理开发与利用，又要确保文化遗产的完整性与真实性得到有效保护。三是政府与市场的协同。政府应发挥主导作用，制定相关政策与规划，引导社会力量的积极参与；同时，要充分发挥市场在资源配置中的决定性作用，鼓励企业、社会组织及个人等多元主体参与到三线遗产的保护与开发中来。

此外，还需关注三线遗产保护与开发的可持续性。在保护与开发过程中，应注重生态环境的保护与改善，避免对自然环境造成破坏；同时，要注重社会记忆的传承与弘扬，通过教育、宣传等手段，让更多的人了解三线建设的历史与意义，增强社会认同感和归属感。

总之，优化城市规划与提质配套设施是协同开发三线遗产、实现其综合价值的关键举措。通过科学规划、合理布局、完善设施、强化政策引导与资金支持等多方面的努力，我们可以让三线工业遗产在新时代的背景下焕发出新的生机与活力，为推动区域经济发展、文化传承与社会记忆传承作出重要贡献。

九、讲好讲活三线故事

在深入探讨如何更好地讲述三线精神的宣传体系时，我们需要结合历史、文化、经济等多重视角，构建一套全面而系统的宣传思路和话语体系。

新媒体与传统媒体的融合传播。在数字化时代背景下，新媒体的传播力量与影响力不可忽视。为了更好地讲述三线故事、传承三线精神，我们需要实现新媒体与传统媒体的融合传播。一方面要充分利用传统媒体如电视、广播、报纸等的传播优势，进行深度报道和专题策划；另一方面要积极探索新媒体如网络、社交媒体、短视频平台等的传播规律与特点，进行精准传播与互动营销。通过打造一批具有影响力的新媒体产品如纪录片、微电影、H5（HTML5，超文本标记语言的第五次重大修改版本，用于构建和呈现网页内容）页面等，吸引更多年轻受众关注与参与。同时还应加强与国内外主流媒体及文化机构的交流合作，共同推动三线精神的国际传播与交流。

宣传方式的创新能够使我们更好地保护利用三线建设遗址传承弘扬三线精神，为推动中国式现代化建设事业贡献更大的力量。要强化社区参与公众教育。强化社区参与和公众教育，提高公众对工业遗产保护与活化的认知度和参与度。可以通过举办展览、讲座、社区活动等方式，向公众普及工业遗产的历史文化价值和保护意义；同时，还可以鼓励社区居民积极参与工业遗产的保护与活化工作，形成政府、企业和社会多方共治的良好局面。例如，可以举办“重庆三线工业遗产文化节”，通过展览、演出、互动体验等方式向公众展示工业遗产的历史文化价值和保护成果；同时，还可以邀请专家学者和社区居民共同参与工业遗产的保护与活化工作，形成全社会共同关注和支持工业遗产保护的良好氛围。加强国际交流与合作。借鉴国际先进经验和技术手段，推动重庆三线工业遗产的保护与活化进程。可以与国际组织、外国政府和科研机构等开展合作与交流活动，学习借鉴国际先进经验和技术手段；同时，还可以积极参与国际工业遗产保护项目和活动，提升重庆三线工业遗产的国际影响力。例如，可以与国际工业遗产保护委员会（TICCIH）等开展合作与交流活动，学习借鉴国际先进经验和技术手段；同时，还可以积极参与国际工业遗产保护项目和活动，如世界工业遗产大会等，展示重庆三线工业遗产的保护成果和特色。

第八章 研究总结

随着全球化和工业化的快速推进，工业遗产作为特定历史时期技术革新、经济发展和社会变迁的实物见证，其保护与活化利用已成为社会各界关注的焦点。工业遗产不仅记录了人类文明的进步历程，更蕴含了丰富的文化、科技和经济价值。然而，在快速城市化和产业结构调整的背景下，许多工业遗产面临着被遗忘、破坏甚至拆除的危机。因此，如何科学有效地保护和活化利用这些宝贵资源，使其在新时代背景下焕发新的生命力，成为亟待解决的问题。

本书重点研究工业遗产保护与活化利用，通过深入分析国内外工业遗产保护的现状与挑战，结合西部工业重镇重庆市的工业遗产保护与活化利用实践，探讨活化利用的有效途径，旨在为工业遗产的可持续发展提供理论支持和实践指导。

工业遗产作为特定历史时期的产物，其价值体现在多个方面。第一，历史价值。工业遗产记录了人类工业化进程中的重要事件和阶段，是研究工业发展史、技术变革史的重要实物资料。例如，三线建设时期的工业遗产，不仅见证了新中国工业布局的调整和国家安全战略的实施，也反映了当时社会经济生活的诸多方面。第二，文化价值。工业遗产承载着丰富的文化内涵，是工业文化和地方特色文化的重要组成部分。这些遗产中的建筑、设备、工艺流程等，都是工业文明的物质载体，具有独特的审美价值和情感共鸣。第三，科技价值。工业遗产中的机器设备、生产线、工艺流程等，反映了特定历史时期的科技水平和生产力发展状况。这些实物资料对于研究技术进步、工艺改进具有重要价值。第四，经济价值。通过合理的活化利用，工业遗产可以转化为旅游资源、文化创意产业等多种经济形态，为地方经济发展注入新的动力。同时，遗产的保护和修复工作也能带动相关产业的发展和就业增长。

当前，工业遗产保护面临着多重挑战。

第一，价值认知偏废。一是忽视了三线建设决策的时代背景。调研发现，当前对于三线建设决策和现存工业遗产普遍缺乏正确的认知，影响了对其时代价值的认识。如一些观点以现代视角评价三线建设决策，认为将大量的工业资源、专业人才向西部进行转移是逆市场化行为，是国家资源的严重浪费。二是认为重庆三线遗址建筑缺乏保护价值。重庆三线建设者艰苦奋斗，先生产、后生活，建设“干打垒”住房、生产建筑车间以实用为主，因此一些观点认为其缺乏明显的艺术特征，缺乏保护利用价值。为了战备和分散风险的需要，重庆三线建设企业厂区内各车间布局较为分散，一些观点认为其不符合集中生产的要求，缺乏生产效率。三是对重庆三线精神资源的内涵挖掘不够。在工业建筑遗址改造中，重点关注空间利用，原先的“场所精神”却鲜有体现，存在“见物不见人”的现象。究其原因在于对原企业的历史文化挖掘不深，对遗产的价值内涵阐释不够透彻，忽视“非物质形态”的工业遗产，将直接影响相关部门的政策和标准制定，从而影响对工业遗产保护价值的整体评价。四是忽视重庆三线建设对现代化建设的贡献。重庆三线建设优化了区域生产力布局，实现了生产资源和要素从经济发达地区向落后地区的转移，推动了我国中西部地区工业化发展。在整个三线建设期间，中央对重庆市的投资超过了50亿元人民币（当时币值），这些资金主要用于建设新企业、改造旧企业以及完善交通、电力、水利等基础设施。同时在此期间，重庆市共建设和迁入了150多家大中型工业企业，建成了比较完整的国防战略后方，构筑了国防现代化基础。一些项目至今还在正常运营，为当地经济发展做出了重要贡献。

第二，开发利用存在体制机制障碍。总体规划"无法可依"和制度资源较为缺乏，主要体现在以下方面。一是顶层设计有待加强。尽管重庆市政府已出台《重庆市推动老工业城市工业遗产保护利用打造"生活秀带"工作方案》，为三线工业遗产的保护利用提供了一定的政策指引，但这一方案在全市层面的统领性和指导性仍显不足。目前仍缺乏一部全面、系统、具有前瞻性的规划或条例，这导致各区县在具体实施时缺乏统一的标准和依据，难以形成合力。以江津夏坝晋江国营机械厂遗址为例，该遗址因其独特的历史价值和潜在的旅游开发价值，曾计划投资数亿元打造三线工业遗址公园。然而，由于产权归属复杂、政策支持不足等问题，项目多年未能落地，遗址长期闲置荒废，遭受自然侵蚀和人为破坏，令人痛心。二是受保密要求限制。重庆市一些工厂还在正常开展生产活动，而一些已经废弃的工厂因为涉及国防科工项目，相关档案尚未解密，这些工业遗址也不便于开发利用。同时也的确存在海外力量打着学术研究的旗号搜集重庆三线建设有关情报的行为，这也是必须警惕的。三是产权不清制约重庆三线工业遗址的利用与开发。部分工业遗址土地产权归属存在争议，厂区之内属于三线企业，各个厂房之间的连通道路属于当地村镇。产权不清晰造成难以有效开展整体规划，进而导致无法充分利用工业遗产的价值。但目前重庆市并未组织成立起针对三线遗产保护利用的统一领导小组，在对部分三线遗产的保护利用问题上往往单兵出击。四是缺乏区域合作与宏观政策融合。在三线建设的布局规划中，重庆与周边省市，尤其是四川、贵州等省份的三线建设原本有着较高的交流频度和联系深度。当下重庆在推动三线工业遗产保护与开发的过程中，与周边省市的交流合作却显得相对薄弱。这种地域间的隔阂不仅限制了资源共享与优势互补，也制约了跨区域文化旅游产业的协同发展。在宏观政策层面，重庆三线工业遗产的保护与开发与全市乃至国家层面的发展战略衔接不够紧密，这些遗产往往被孤立地看待，未能充分融入城市规划、区域发展、产业升级等大局之中。因此，在享受政策红利、获取资金支持、推动项目落地等方面存在诸多困难。

第三，闲置遗址普遍存在荒废情况及改造技术标准存在差异。一是半数左右遗址处于闲置荒废状态。重庆三线遗产本身分布较为广泛，多处在欠发达的乡村地带，交通设施落后，整体开发难度较大。以军工领域为例，重庆36处生产类国防单位遗址中，17处延续使用，集中在渝西片区；12处改作他用，以中心城区为主，2处已完全拆除；7处荒废，集中在南部山区，多因地理环境不宜居住和生产导致，目前基本保持荒废状态。二是利用方式单一低效。在已有的保护利用实践中，部分重庆三线工业遗产被简单地转化为博物馆、纪念馆等文化设施，但这种单一的利用方式往往难以吸引足够的游客和公众关注，导致资源闲置浪费。一些遗产在利用过程中存在过度商业化、同质化等问题，破坏了其原真性和独特性，影响了其长期价值的发挥。三是技术水平限制了遗产的活化利用和创新发展，且技术标准的差异化明显。重庆市三线遗产分布广泛、保护现状差异大，同时地区间发展差距较大，在保护和利用方式上亟须制定分级分类的开发方式。目前各部门之间，由于技术水平和发展路径的差异，在保护标准上存在分歧。四是改造资金不足。重庆三线工业遗产的保护利用需要大量的资金支持。然而，由于资金来源有限，部分遗产在保护修复和活化利用上面临着诸多困难。资金短缺导致保护修复工作难以开展或进展缓慢。市场化资金的介入渠道和力量有限，制约了资金、技术、人才等资源的优化配置与高效利用。如何在保护工业遗产的同时满足城市发展的需求，成为亟待解决的问题。

针对上述挑战，本书提出了多种工业遗产活化利用的途径与模式。

第一，遵循整体性保护原则，推动三线建设工业遗产复兴。城市的发展已经进入存量时代，要改变“千城一面”的枯燥局面，需要依托历史文化资源塑造特色空间，把空间与文化资源的统筹考虑作为规划目标。以往在规划设计中，各个步骤经常独立进行，重点内容衔接不充分，效率难以提高。如果保护规划、城市设计、控规与修规可以同步推进，三线工业遗产的保护与开发建设将会变得更加有效和灵活。重庆三线遗产点多面广，沿川黔铁路和公路形成大分散、小集中的整体布局，整体性保护能够较大程度传递三线遗产中蕴含的文化信息。如对遗址地开展调研，落实保护要素，明确保护范围；城市设计上，采取渐进式的有机更新方式，结合保护原则和现状用地情况，制定遗址地的发展定位与业态策划，引导文化娱乐、休闲服务等体验式业态置入；对控规进行调整，包括重新探讨路网格局、开发强度等；修建性详细规划上，做好建筑遗存评估工作，以便开展保护与更新工作，应保尽保，最大程度延续历史格局，保存有机性、丰富性，同时疏通公共空间系统，整治遗址地的生态问题，创造更有人情味和历史文化氛围的环境。当下中国城市景观正面临着存量发展与更新，从城市文化景观意象缺失的角度来看，跨越较长时期且十分具有历史感、文脉性的工业遗产无疑能够为塑造城市日常文化景观要素与城市区域特征增添新的可能性。城市需要真实、完整的文化遗存，因此在对遗址的规划设计中要践行保护真实载体、保留历史环境的原则。

第二，区域联动，形成新的产业经济地区。城区和城郊的三线建设工业遗址的保护复兴问题，其实是城市发展战略和既有发展格局之间的矛盾，因此不能采用孤立的眼光去看待三线建设工业遗址的保护规划，而是从总体战略角度去思考工业遗址的未来发展方向。工业遗址由于特有遗存完整、文化资源丰厚，适合发展文旅产业，提升城市文化竞争力和综合竞争力，从而带动全市消费，把工业遗址的更新、复兴与城市现有产业格局综合起来考量，形成新的城市产业生态链。

第三，引入特色功能业态。三线建设是我国自主探索社会主义建设的尝试，无论是建筑层面还是规划层面都具有明显的时代特色。遗址地有形式丰富的特色文化产业资源，应当引入各类文化产业与配套服务，逐步实现片区内产业的功能转型与品质提升，同时促进遗址地环境的优化和所在片区经济的可持续发展。以成都东郊记忆为例，目前已初步建成了四条功能带，分别是：以多个演艺场馆为依托形成的演艺培训功能带、围绕展览中心形成的展览娱乐功能带、建设以日常餐饮为主的配套功能服务带以及数字音乐产业带。

第四，构建多主体参与的规划设计机制，创造社会共识。要实现三线建设工业遗址根本性、永久性的保护复兴，不能只依靠上层规划设计，还需要转变政府工作思路与群众文化价值观。群众既是工业遗址保护的主力，又是更新后的主要使用者。建议政府转变传统工作思路，把对三线建设工业遗址的规划设计与社会工作结合起来开展，构建政府部门监督指导、专业设计团队负责、开发投资方咨询、社区自发组织建言献策的合作模式，创造并凝聚社会共识。设计团队通过专业角度对历史文化资源及价值特色的梳理，可以推动政府和群众树立保护遗产的意识。群众在规划设计全过程的参与，不仅可以塑造文化自信与自豪感，还能及时向设计人员反映真实需要，维护自身利益，从而促进社区的整体和谐与确保规划设计的落地性。

第五，融入社区，关注民生，文化资源服务日常生活。三线建设工业遗址的保护复兴，不应局限于物质空间和规划层面上的讨论，而忽视了当地社区居民的日常生活需求与消费者的体验需求。对三线建设工业遗址采取单一模式的再利用，既不利于遗址的复兴和历史文化的宣传，更不利于遗址地与社区的有机融合、和谐共存。本地居民是工业遗址的第一体验者、主要使用者，因此功能策划与空间设计要融入本地居民的日常生活。如结合建筑节点、景观小品、大型标志物等营造社区交往空间、服务社区；利用建筑面貌连续和良好的绿化条件构建景观廊道等。

第六，创新文旅融合发展的模式。重庆三线工业遗产资源丰富，历史文化价值极高，通过旅游发展对其文化价值进行传承，可以打造重庆市的新名片。一是创新三线工业旅游新方式，根据三线工业遗产特点选择合理有效的再生模式。在三线工业遗产更新的过程中，要因地制宜、适度超前，在现有遗产价值评估的基础上进行保护再生，推动打造“三线工业遗产＋”模式，不仅仅局限于文创园区，还包括研学教育基地、军工体验园等，通过创新模式打造旅游差异化。在打造过程中有效保留工业文化亮点，将具有工业时代印记和历史记忆的工业遗存原貌保留，使场地使用人群置身于其中感受场景的变化，触景生情，从而唤醒场地往日的工业生活场景，增强人们的文化归属感，使工业文化得以留存。二是注重三线文化内涵，引入特色功能业态。科学规划重庆三线建设的文化资源，将它与巴渝文化、红岩文化、民俗文化等进行有机结合，进而引入各类文化产业与配套服务，通过各种方式以旧带新。同时与时俱进，借助 AR、VR 技术、全息投影技术，打破时空束缚。通过虚实结合，复原三线军工氛围，打造以三线军工文化为主的沉浸式互动空间，包括军工 5D 影院、三线主题密室、沉浸式三线文化科普空间等新型业态，逐步实现片区内产业的功能转型与品质提升。

针对工业遗产保护活化利用过程中存在的问题和挑战，本书提出以下对策建议。

1. 正确认识工业遗产的时代价值

一是明确重庆三线建设是重庆乃至中国工业史、建设史、国防军事史的重要组成部分，是新中国工业布局从沿海到内地的一次战略性迁移和调整，对我国国防、经济、社会、文化建设产生了深远影响。二是广泛开展重庆三线历史研究。充分整理口述史、回忆录，挖掘重庆三线英雄模范事迹，对包括重庆三线建设在内的中华工业文明载体开展研究宣传、弘扬传承，挖掘党史价值以及建筑形态的美学价值和经济价值，去伪存真，让公众了解中国式现代化道路区别于西方工业化道路的核心特征。建立历史研究与当下社会现实及国家重大战略之间的联结，以多学科融合的视野开展有组织科研，加强理论创新能力。三是创作好讲述重庆三线故事的文艺作品。组建“三线故事微宣讲团队”，大力推动“三线故事”“三线精神”纳入全国思想政治教育课程。把具有代表性的三线故事转换成耳熟能详、朗朗上口的党史故事，推动重庆三线历史家喻户晓。四是深刻认识重庆三线建设对重庆的现代化发展具有的时代价值。加强对党员干部、国有企业员工、普通群众，尤其是针对重庆市大、中、小学生的宣传和教育。把握住重庆三线遗产的盘活与西部大开发时代机遇的关系以及与国家战略腹地建设的关系。随着国家政策的推进，三线建设时期工业遗产的保护与开发被赋予了新的时代意义。

2. 创新三线遗产保护政策与措施

一是加强顶层设计，尽快成立重庆市三线遗产保护利用的统筹协调机制。重庆三线遗产的保护利用工作需要建立起一个兼顾引领性和系统性的协同治理机制，形成合力推动三线遗产保护在治理有效的环境中得到逐步优化。二是建立统一的保护标准与评估体系。通过制定统一的保护标准和评估体系来规范保护工作的各个环节和流程，确保一致性和可比性。完善法律法规与政策支持体系，通过制定专门的法律法规和完善政策支持体系来为保护工作提供坚实的法律保障和制度支撑。三是依法进行保护并推动确权工作。梳理重庆工业遗产名录，根据《中华人民共和国文物保护法》，以遗产所在地区政府为主进行文物和遗产申报与管理工作，结合遗址单位的非物质遗产资源，在考虑经济效益的基础上进行活态保护。针对重庆工业遗产布局分散的特点，做好工业遗产和附属城镇遗产的综合利用、成片保护，充分挖掘遗址自身价值和地区人文特点。随着部分重庆三线工业遗址产权下放，在明确遗址产权的前提下进行开发。四是通过加强区域合作、融入宏观政策体系。推动将三线工业遗产纳入城市总体规划及各项专项规划之中，确保其在城市发展布局中的合理定位与科学布局。深化西部三线省份开发合作，定期召开各项学术论坛、会展、路演、推广等活动，提高重庆市三线文化研究和开发的影响力，建议创设“三线遗产保护联盟”。推动重庆市由三线文化节点城市向三线文化枢纽城市转化，壮大三线遗产旅游资源共享网络，加强对遗址的保护、开发、利用、设计和打造，积极对接成渝地区双城经济圈建设、“三攻坚一盘活”改革、城市更新项目等宏观发展政策。

3. 探索合理的保护利用开发模式

一是对闲置荒废遗产开展整体性保护。重庆三线遗产点多面广，沿川黔铁路和公路形成大分散、小集中的整体布局，整体性保护能够较大程度传递三线遗产中蕴含的文化信息。首先在城市设计上，采取渐进式的有机更新方式，结合保护原则和现状用地情况，制定遗址地的发展定位与业态策划，引导文化娱乐、休闲服务等体验式业态置入。其次对规划进行调整，包括重新探讨路网格局、开发强度等。完善详细规划，做好建筑遗存评估工作以便开展保护与更新工作，应保尽保，最大程度延续历史格局，同时疏通公共空间系统，整治遗址地的生态问题。二是融合多元业态，创新开发模式。将重庆工业遗产融入乡村振兴和人文城镇建设，充分考虑文化、旅游、休闲等功能要求，结合重庆三线工业遗产特点进行创新。响应中华人民共和国国务院于 2024 年 7 月印发的《深入实施以人为本的新型城镇化战略五年行动计划》的号召。三是借助新质生产力的“东风”促进重庆三线工业遗产的转型升级与可持续发展。新质生产力作为驱动经济社会发展的新引擎，正深刻改变着传统产业的格局与模式。重庆丰富的三线工业遗产不仅是历史的见证，更是新时代产业升级转型的宝贵资源。新质生产力为重庆三线工业遗产的开发带来了多方面的机遇。技术创新、模式创新、文化创新以及生态与可持续发展的路径探索，不仅有利于工业遗产的保护与传承，还将成为推动区域产业升级、促进经济高质量发展的关键一环。四是政府引导，通过设立专项基金、提供税收优惠等方式鼓励社会资本投入其中。在保障三线建设遗产不被破坏性开发利用的前提下，鼓励国有企业和民营企业积极参与开发利用工作。通过引入市场机制、激发企业活力等方式推动企业成为开发利用的主体力量。同时加强与企业的合作与交流，推动项目的顺利实施和有效运营。

综上所述，本书在构建理论框架、梳理历史脉络、剖析现状问题以及提出对策建议等方面均做出了一些梳理和建议。研究主要观点认为，重庆市三线工业遗产活化利用工作需要坚持有机更新，加强分级保护利用。贯彻习近平总书记将“工业锈带”转变为“生活秀带”的重要讲话精神，建立健全工业遗产保护利用法律法规，统筹推进工业文化遗产保护利用工作，实现科学规划、分类保护、有机更新和高效利用。系统开展工业遗产资源专项调查，建立科学的指标体系评估工业遗产的价值，形成工业遗产分级保护名录。加快出台具体实施的管理办法，明确相应的保护职责和开发原则。从城市和区域整体发展的角度出发，明确工业遗产项目保护开发的定位、主题功能和布局，对可利用的工业遗产空间进行合理的界定，注重利用现代科技手段提高工业遗产保护利用水平。

坚持文化传承，彰显城市特色形象。深入挖掘现有工业遗产的历史价值、美学价值、经济价值、社会价值，精细化打造工业遗存富厚的区域，充分体现各地独特的城市风貌和历史记忆。推动工业遗产保护与各地城市形象提升相融合，将能够凸显工业文化特色的景观标志打造成城市地标。支持工业遗产保护利用与文化节、艺术节、博览会、体育比赛等交流活动相结合，拓展工业遗产的价值普及和传播推广渠道，提炼具有区域特质的工业文化。加快形成一批具有示范性、带动性和影响力的工业遗产文化产品和服务品牌。

坚持空间再塑，提升多元文化活力。将工业遗产的保护利用纳入国土空间规划通盘考虑，按照不同工业遗址的保护开发定位，优化国土空间布局，完善周边基础设施和公共服务设施。加强与周边区域产业、交通、市政、城市空间及风貌景观的协调融合，将原有封闭的工业区域塑造为开敞的都市区域和展示多元文化的生活区域。坚持“以流定形”，强调工业遗产改造片区的系统性、开放性、场所性和在地性，使片区形成穿行流线便捷、临路界面开放、功能弹性多样及历史文化延续等鲜明特征。营造宜人的步道、连廊、广场和口袋公园，形成融入现代设计观念、适应当代生活方式的城市人文景观和公共开放空间。

坚持功能重构，统筹保护开发利用。重点保护与打造工业遗产格局和典型特色区域，保护和展示工业遗产特色要素。突出工业文化主题，利用工业景观的时尚元素，打造区域全新的视域廊道和场所体验。鼓励各地利用工业遗址、老厂房、职工宿舍、老机器设备等工业遗产发展工业遗产旅游，建设一批特色主题工业遗产旅游线路。鼓励企业在发展工业遗产旅游时，开放生产车间等形式进行产品展示和品牌宣传，建设一批具有社会公益功能的工业旅游示范点，促进工业遗产旅游与传统观光旅游、工业科普教育相结合。以工业遗产为核心融合周边业态，形成联动效应，创建形态风貌独特、产业特色鲜明、品牌效应突出的工业文化展示区。促进工业遗产与现代商务融合，改造利用老厂区、老厂房、老设施发展新业态。完善工业博物馆体系，提升公共文化服务能力。将工业文化元素和标识融入内容创作生产、创意设计，形成生产、旅游、教育、休闲一体化的工业文化旅游新模式。

坚持模式创新，着力健全保障机制。构建工业遗产保护利用的资金保障体系，将工业遗产保护利用纳入政府财政预算，为工业遗产保护利用提供资金保障，并适度采用经济激励政策，调动工业遗产产权单位对工业遗产保护利用的积极性。成立工业遗产保护利用专项基金，对遗产项目的价值、特点以及保护利用方式等进行系统评估，从而确定提供不同额度的资金支持。在专项基金资金的筹措方面，还可通过发行工业遗产彩票、社会捐赠等方式募集工业遗产保护利用资金。研究制订关于工业建筑使用功能临时变更的相关规定，充分发挥企业主体作用，鼓励支持工业遗产区域改造开发实现市场化运作。对保护利用老旧厂房发展相关都市产业项目，且不改变原有土地性质、不变更原有产权关系、不涉及重新开发建设的，实行继续按原用途和原土地权利类型使用土地的过渡期政策。过渡期满可按新用途采取协议出让方式或长期租赁、先租后让、租让结合等方式办理相关用地手续。建立保护利用工业遗产的专业化服务机制，为调查研究、评估认定、规划编制、规范制订等提供支持。建立工业遗产保护利用评价考核机制，实施动态监督管理，培育一批优秀示范项目，打造工业遗产利用的新模式。

坚持学科融合，聚力加强基础研究。从当前国内外相关研究发现，适应性保护与再利用模式已有显著发展，但在一些方面仍有模式单调，学科融合不足等问题，故针对此类情况，需反思工业遗产“范式化”开发的现状，深入思考工业遗产与城市、社区和人的需求，需要多学科与多维角度的融合，走出一条工业遗产与城市共生的更新之路。同时应鼓励高校、科研院所开展遗产方向的基础研究，重视工业遗产保护利用项目的可持续发展性，从文化、经济、技术等多角度、多维度探讨工业遗产的可持续经营和可持续发展问题。

期待本书所作研究可以丰富工业遗产保护利用的理论体系与实践经验，为重庆乃至全国的三线工业遗产保护与活化利用提供有益的参考与借鉴。然而，笔者也意识到当前研究中仍存在一些不足与局限之处，仍需要进一步改进与完善。展望未来，我们将继续深化对工业遗产保护利用的理论研究与实践探索。通过加强跨学科合作与国际交流来拓宽研究视野与思路；通过加强数据收集与分析来提高研究的精准度与科学性；通过推动政策创新与社会参与来增强研究成果的转化与应用能力。相信在各方共同努力下，重庆三线工业遗产将得到更加全面而有效地保护与活化利用，成为推动地方经济社会发展与文化传承的重要力量。

参考文献

[1] 国务院新闻办公室，中央文献研究室，中国外文局．习近平谈治国理政：第 1 卷，第 2 卷［M］．北京：外文出版社，2017.

[2] 中共中央文献研究室．科学发展观重要论述摘编［M］．北京：中央文献出版社，2008.

[3] 陈东林．三线建设——备战时期的西部开发［M］．北京：中央党校出版社，2003.

[4] 中国社会科学院当代中国研究所．新中国 70 年［M］．北京：当代中国出版社，2019.

[5] 刘名忠，戴安全，高湘泽．重庆市机械工业志［M］．成都：成都科技大学出版社，1993：4.

[6] 俞荣根，张凤琦．当代重庆简史［M］．重庆：重庆出版社，2003.

[7] 重庆市城乡建设管理委员会，重庆市建筑管理局．重庆建筑志［M］．重庆：重庆大学出版社，1997.

[8] 习近平．高举中国特色社会主义伟大旗帜为全面建设社会主义现代化国家而团结奋斗——在中国共产党第二十次全国代表大会上的报告［R］．北京：人民出版社，2022：46.

[9] 当代中国的标准化编辑委员会．当代中国的标准化［M］．北京：当代中国出版社，2009.

[10] 当代中国的对外经济合作编辑委员会．当代中国的对外经济合作［M］．北京：当代中国出版社，2009.

[11] 当代中国的建筑业编辑委员会．当代中国的建筑业［M］．北京：当代中国出版社，2009.

[12] 江泽民在一机部（1970-1980）编写组．江泽民在一机部（1970—1980）［M］．北京：中央文献出版社，2014.

[13] 徐益华．轻型钢结构设计［M］．北京：中国计划出版社，2006.

[14] 岁月·情怀：原建工部北京工业建筑设计院同仁回忆编委会．岁月·情怀：原建工部北京工业建筑设计院同仁回忆［M］．上海：同济大学出版社，2015.

[15] 重庆市计划委员会．重庆市经济综合志［M］．重庆：重庆出版社，1991.

[16] 徐行．周恩来与中国现代化的奠基［M］．天津：天津人民出版社，2008.

[17] 夏泰生，李震．中国投资简史［M］．北京：中国财政经济出版社，1993.

[18] 丁光辉，薛求理．中国设计院：价值与挑战［M］．北京：中国建筑工业出版社，2022.

[19] 董志凯，吴江．新中国工业的奠基石——156 项建设研究（1950—2000）［M］．广州：广东经济出版社，2004.

[20] 谷牧．谷牧回忆录［M］．北京：中央文献出版社，2009.

[21] 国家基本建设委员会建筑科学研究院．新中国建筑［M］．北京：中国建筑工业出版社，1976.

[22] 国家经济贸易委员会．中国工业五十年——新中国工业通鉴（第二部）（1953—1957）［M］．北京：中国经济出版社，2000.

[23] 何郝炬，何仁仲，向嘉贵．三线建设与西部大开发［M］．北京：当代中国出版社，2003.

[24] 胡宁生．现代公共政策研究［M］．北京：中国社会科学出版社，2000.

[25] 华揽洪．重建中国：城市规划三十年，1949—1979［M］．北京：生活·读书·新知三联书店，2006.

[26] 华南工学院亚热带建筑研究室．建筑防热设计［M］．北京：中国建筑工业出版社，1978.

[27] 朱佳木．进一步认识三线建设史研究的意义与任务［J］．当代中国史研究，2022，29（03）：15-22，156.

[28] 陈东林．三线建设：离我们最近的工业遗产［J］．党政论坛，2007（02）：84.

[29] 徐有威，陈熙．三线建设对中国工业经济及城市化的影响［J］．当代中国史研究，2015，22（04）：81-92，127.

[30] 刘凤凌，褚冬竹．三线建设时期重庆工业遗产价值评估体系与方法初探［J］．工业建筑，2011，41（11）：54-59.

[31] 周明长．三线建设与中国内地城市发展（1964—1980 年）［J］．中国经济史研究，2014（01）：142-151.

[32] 段娟．近 20 年来三线建设及其相关问题研究述评［J］．当代中国史研究，2012，19（06）：100-109，128.

[33] 徐有威，周升起．近五年来三线建设研究述评［J］．开放时代，2018（02）：69-79，6.

[34] 郑有贵，陈东林，段娟．历史与现实结合视角的三线建设评价——基于四川、重庆三线建设的调研［J］．中国经济史研究，2012，(03)：120-127.

[35] 吕建昌，杨润萌，李舒桐．三线工业遗产概念初探［J］．宁夏社会科学，2020（04）：139-146.

[36] 刘伯英．文化遗产视角的三线建设研究［J］．当代中国史研究，2025，32（01）：37-44.

[37] 屠建学，彭芙蓉．三线工业遗产立法保护内容研究［J］．人大研究，2024（06）：54-58.

[38] 瞿商，黄一栩．三线建设研究述评与展望［J］．聊城大学学报（社会科学版），2024，（05）：57-68.

[39] 陈雯婧，李顺，杨茹，等．文旅背景下三线建设工业遗产保护与利用探讨——以 503 电厂为例［J］．重庆建筑，2024，23（06）：23-25，30.

[40] 李姗姗．重庆三线建设工业遗产及其保护与再利用研究［D］．武汉：湖北大学，2024.

[41] 郑有贵．三维效应：国史主题视域下三线建设历史地位探析［J］．当代中国史研究，2025，32（01）：26-36.

[42] 史丹，赵剑波．工业文明视野下三线建设的历史性意义［J］．当代中国史研究，2025，32（01）：18-26.

[43] 杜华君，莫小芳．以问促学：三线建设工业遗产研究路径新探索［J］．西南科技大学学报（哲学社会科学版），2024，41（06）：16-24.

[44] 丁小珊．中国式现代化视角下的三线工业遗产价值阐释［J］．四川轻化工大学学报（社会科学版），2024，39（05）：11-20.